MENSAGEIRO
DAS ESTRELAS

Do Autor:

Respostas de um astrofísico
Mensageiro das estrelas

NEIL DEGRASSE TYSON

MENSAGEIRO DAS ESTRELAS

Perspectivas cósmicas sobre a civilização

Tradução de
Marcello B. Silva Neto

1ª edição

EDITORA RECORD
RIO DE JANEIRO • SÃO PAULO
2023

CIP-BRASIL. CATALOGAÇÃO NA PUBLICAÇÃO
SINDICATO NACIONAL DOS EDITORES DE LIVROS, RJ

T988m
    Tyson, Neil Degrasse
        Mensageiro das estrelas : perspectivas cósmicas sobre a civilização / Neil Degrasse Tyson ; tradução Marcello B. Silva Neto. - 1. ed. - Rio de Janeiro : Record, 2023.

        Tradução de: Starry messenger
        ISBN 978-65-5587-669-7

        1. Ciência e civilização. 2. Civilização - História. 3. Cosmologia. I. Silva Neto, Marcello da. II. Título.

23-84786
        CDD: 901
        CDU: 94(100)

Meri Gleice Rodrigues de Souza - Bibliotecária - CRB-7/6439

Título original:
Starry Messenger: Cosmic Perspectives on Civilization

Copyright © 2022 by Neil deGrasse Tyson

Citação de Edgar Mitchell: usada com a permissão de Kimberly Mitchell.
Citação "Paraíso" de Mike Massimino: usada com permissão.
"Eles são feitos de carne", trecho: usado com a permissão de Terry Bisson.
Cartão de vaidade nº 536, trecho: usado com a permissão de Chuck Lorre.

Texto revisado segundo o Acordo Ortográfico da Língua Portuguesa de 1990.

Todos os direitos reservados. Proibida a reprodução, no todo ou em parte, através de quaisquer meios. Os direitos morais do autor foram assegurados.

Direitos exclusivos de publicação em língua portuguesa somente para o Brasil adquiridos pela
EDITORA RECORD LTDA.
Rua Argentina, 171 – Rio de Janeiro, RJ – 20921-380 – Tel.: (21) 2585-2000, que se reserva a propriedade literária desta tradução.

Impresso no Brasil

ISBN 978-65-5587-669-7

Seja um leitor preferencial Record.
Cadastre-se no site www.record.com.br
e receba informações sobre nossos lançamentos e nossas promoções.

Atendimento e venda direta ao leitor:
sac@record.com.br

Dedicado à memória de Cyril DeGrasse Tyson[1]
e a todas as pessoas que querem ver o mundo
como ele poderia ser, e não como ele é.

Você desenvolve uma consciência global instantânea,
um foco nas pessoas,
uma profunda insatisfação com a situação
do mundo e uma compulsão para fazer algo a respeito.

Lá de cima, da Lua, a política internacional parece tão insignificante.
Você tem vontade de pegar um político pelo cangote
e arrastá-lo pelos 400 mil quilômetros até lá e dizer:
"Olhe para isso, seu filho da puta."

— Edgar D. Mitchell, astronauta da *Apollo 14*

SUMÁRIO

PREFÁCIO 11

PRÓLOGO: CIÊNCIA & SOCIEDADE 15

CAPÍTULO UM: VERDADE & BELEZA 23
Estética na vida e no cosmos

CAPÍTULO DOIS: EXPLORAÇÕES & DESCOBERTAS 42
O valor de ambas na formação da civilização

CAPÍTULO TRÊS: TERRA & LUA 67
Perspectivas cósmicas

CAPÍTULO QUATRO: CONFLITO & RESOLUÇÃO 91
Forças tribais dentro de todos nós

CAPÍTULO CINCO: RISCO & RECOMPENSA 120
**Cálculos que fazemos diariamente com a nossa vida
e a dos outros**

CAPÍTULO SEIS: CARNISTAS & VEGETARIANOS 151

Não somos só o que comemos

CAPÍTULO SETE: GÊNERO & IDENTIDADE 174

As pessoas são mais semelhantes que diferentes

CAPÍTULO OITO: COR & RAÇA 187

De novo: as pessoas são mais semelhantes que diferentes

CAPÍTULO NOVE: LEI & ORDEM 223

O alicerce da civilização, quer gostemos ou não

CAPÍTULO DEZ: CORPO & MENTE 248

A fisiologia humana pode estar sendo sobrestimada

EPÍLOGO: VIDA & MORTE 271

AGRADECIMENTOS 285

NOTAS 289

ÍNDICE 349

PREFÁCIO

Mensageiro das estrelas é um chamado para o despertar da civilização. As pessoas não sabem mais em quem ou em que confiar. Semeamos o ódio contra os outros incitados pelo que pensamos ser verdade, ou pelo que desejamos que seja verdade, sem levar em conta o que é, de fato, verdade. Facções culturais e políticas disputam as almas de comunidades e nações. Esquecemos completamente o que distingue fatos de opiniões. Somos rápidos em atos de agressão e lentos em atos de bondade.

Quando Galileu Galilei publicou o *Sidereus Nuncius*, em 1610, ele trouxe à Terra verdades cósmicas que vinham esperando, desde a antiguidade, para invadir o pensamento humano. O telescópio recém-aperfeiçoado de Galileu revelou um universo diferente de tudo o que as pessoas supunham ser verdade. Diferente de tudo o que as pessoas queriam que fosse verdade. Diferente de tudo o que as pessoas ousavam dizer ser verdade. *Sidereus Nuncius* continha as observações de Galileu sobre o Sol, a Lua e as estrelas, bem como sobre os planetas e a Via Láctea. Duas lições expressas de seu livro: (1) os olhos humanos por si sós são insuficientes para revelar as verdades fundamentais sobre o funcionamento da natureza, (2) a Terra não é o centro de todo o movimento. Ela orbita o Sol apenas como mais um entre os outros planetas conhecidos.

A tradução do latim para *Sidereus Nuncius* é mensageiro sideral.

Essas perspectivas cósmicas sem precedentes sobre o nosso mundo foram um teste de humildade para a nossa soberba — mensagens das estrelas forçando as pessoas a repensar suas relações entre si, com a Terra e com o Cosmos. Do contrário, corremos o risco de acreditar que o mundo gira ao nosso redor e ao redor de nossas opiniões. Como um antídoto, *Mensageiro das estrelas* fornece formas de alocar nossas energias emocionais e intelectuais que se conciliam com a biologia, a química e a física do Universo conhecido. *Mensageiro das estrelas* remodela alguns dos assuntos mais discutidos e debatidos de nossos tempos — guerra, política, religião, verdade, beleza, gênero e raça, cada um deles um campo de batalha artificial no palco da vida — e os devolve ao leitor de maneiras que fomentam responsabilidade e sabedoria a serviço da civilização. Eu também exploro, vez ou outra, como pareceríamos a alienígenas espaciais que chegassem à Terra sem noções preconcebidas de quem ou o que somos — ou de como deveríamos ser. Eles servem de observadores imparciais dos nossos comportamentos, salientando inconsistências, hipocrisias e estupidezes ocasionais em nossa vida.

Pense no *Mensageiro das estrelas* como um baú de informações transmitidas pelo Universo e trazidas a você pelos métodos e ferramentas da ciência.

PRÓLOGO

CIÊNCIA & SOCIEDADE

Quando as pessoas discordam, neste nosso complexo mundo de política, religião e cultura, as causas são simples, ainda que as resoluções dos conflitos não o sejam. Todos possuímos diferentes repertórios de conhecimento. Temos valores diferentes, prioridades diferentes e compreensões diferentes sobre tudo o que se desenrola à nossa volta. Enxergamos o mundo de jeitos diferentes e, dessa forma, organizamos tribos baseadas em quem se parece conosco, quem reza para os mesmos deuses que nós e quem compartilha dos nossos códigos de conduta moral. Dado o longo isolamento paleolítico dentro da nossa espécie, talvez não devêssemos nos surpreender com o que a evolução moldou. A mentalidade de grupo, ainda que desafie uma análise racional, pode ter concedido vantagens de sobrevivência a nossos ancestrais.[1]

Se, por outro lado, nos afastarmos de tudo o que nos divide, poderemos encontrar perspectivas comuns e unificadoras sobre o mundo. Nesse caso, cuidado onde pisa. Essa nova visão não estará nem ao norte, nem ao sul, nem a leste, nem a oeste de onde você se encontra. Na verdade, tal lugar não existe na rosa dos ventos. É preciso elevar-se da superfície da Terra para chegar lá — para enxergar a Terra, e todos nela, de uma forma que o deixe imune a interpretações provincianas do mundo. Chamamos essa transformação de "efeito perspectiva", comumente vivenciado por astronautas que já estiveram em órbita da Terra. Somem-se a isso as descobertas da astrofísica moderna, assim como as da matemática, da ciência e da tecnologia que foram responsáveis pelo surgimento da exploração espacial, e, sim, uma perspectiva cósmica fica literalmente acima de tudo isso.

Praticamente todos os pensamentos, todas as opiniões e todos os prognósticos que eu formulo sobre questões mundiais foram influenciados — embasados e esclarecidos — pelo conhecimento do nosso lugar na Terra e no Universo. Longe de ser uma empreitada estritamente objetiva e desprovida de sentimentos, talvez não haja nada mais humano que os métodos, as ferramentas e as descobertas da ciência. São eles que dão forma à civilização moderna. O que é a civilização senão o que os humanos construíram para si mesmos como forma de transcender impulsos primitivos e como um cenário onde possam viver, trabalhar e espairecer?

E quanto às nossas discordâncias coletivas e persistentes? Tudo o que posso prometer é que as opiniões que você tem no momento, sejam quais forem, poderão ser mais aprofundadas e mais embasadas, como nunca antes, por uma infusão de ciência e pensamento racional. Esse percurso também pode revelar quaisquer perspectivas infundadas ou emoções injustificadas que você porventura carregue.

Não seria realista esperar que as pessoas debatessem assuntos da mesma forma que os cientistas fazem. Isso porque os cientistas não estão interessados nas opiniões uns dos outros. Estamos interessados nos dados uns dos outros. Mesmo quando o que está em discussão são opiniões, é surpreendente como uma perspectiva racional consegue ser poderosa. À luz dela, descobre-se rapidamente que a Terra não comporta várias tribos, mas apenas uma — a tribo humana. É aí que vários desentendimentos enfraquecem, enquanto outros simplesmente evaporam, deixando-nos sem nada que seja sequer passível de discussão.

A ciência se distingue de todos os outros ramos da investigação humana pelo seu poder de testar e compreender os comportamentos da natureza num grau que nos permite prever com precisão, ou até controlar, consequências de acontecimentos do mundo natural. As descobertas científicas frequentemente têm o poder de expandir e aprofundar nossa visão de tudo. A ciência, sobretudo, melhora nossa saúde, nossos recursos materiais e nossa segurança, que são hoje maiores e melhores para mais pessoas na Terra do que jamais foram em qualquer outro momento da história da humanidade.

O método científico, que sustenta tais conquistas, é frequentemente comunicado através de termos formais como indução, dedução, hipótese e experimentação. No entanto, pode ser resumido em uma única frase, que tem como foco a objetividade:

Faça o que for preciso para evitar se enganar acreditando que algo seja verdadeiro quando é falso, ou que algo seja falso quando é verdadeiro.

Esse enfoque em torno da aquisição de conhecimento tem suas raízes no século XI, como descrito pelo estudioso árabe Ibn al-Haytham (965-1040 d.C.), também conhecido como Alhazém. Mais especificamente, ele alertava o cientista a não ser tendencioso: "Ele também deve suspeitar de si mesmo ao fazer a análise crítica de algo, para evitar cair no preconceito ou na falta de rigor."[2] Séculos mais tarde, durante o Renascimento europeu, Leonardo da Vinci concordaria plenamente: "A maior ilusão que acomete os homens provém de sua própria opinião."[3] Por volta do século XVII, logo após as invenções quase simultâneas do microscópio e do telescópio, o método científico floresceria por completo, impulsionado pelos trabalhos do astrônomo Galileu e do filósofo Sir Francis Bacon (Lorde Verulam). Em suma, conduza experimentos para testar suas hipóteses e tenha um nível de convicção proporcional à qualidade de suas evidências.

PRÓLOGO | 19

Desde então aprendemos a não considerar como fato sabido uma verdade recém-descoberta até que uma maioria de pesquisadores tenha obtido resultados consistentes entre si. Esse código de conduta acarreta consequências extraordinárias. Não há qualquer lei contra a publicação de resultados errados ou tendenciosos. Porém, o custo de fazer isso é altíssimo. Se sua pesquisa for conferida por pares, e ninguém conseguir reproduzir suas descobertas, a integridade de sua pesquisa futura ficará sob suspeita. Se você cometer fraude — se falsificar dados, de caso pensado — e pesquisadores subsequentes do mesmo assunto descobrirem que fez isso, tal revelação acabará com a sua carreira.

Esse sistema interno e autorregulador da ciência pode ser considerado único entre as profissões existentes, além de não necessitar da intervenção do público, da imprensa ou dos políticos para funcionar. Observar o funcionamento dessa maquinaria pode, no entanto, deixar qualquer pessoa fascinada. Basta olhar o fluxo de artigos de pesquisas que estampam as páginas das publicações científicas revisadas por pares. Esse terreno fértil para descobertas também é, às vezes, um campo de batalha de controvérsias científicas. Mas se as pessoas escolherem a dedo pesquisas ainda sem consenso científico para servir a finalidades culturais, econômicas, religiosas ou políticas, estarão minando os fundamentos de uma democracia esclarecida.

Além disso, a conformidade na ciência é um anátema contra o progresso. As acusações recorrentes de que, para nós, é um alívio quando concordamos uns com os outros vêm daqueles que nunca participaram de congressos científicos. Pense nesses encontros como uma "temporada de caça" às ideias apresentadas por qualquer pesquisador, não importando seu grau de senioridade. Isso é ótimo para o nosso campo. Ideias de sucesso sobrevivem a qualquer escrutínio. Ideias ruins são descartadas. A conformidade também é ridiculamente absurda aos olhos dos cientistas que almejam progredir em suas carreiras. A melhor maneira de ficar famoso durante a vida é propor uma ideia que contrarie as linhas de pesquisa prevalecentes e que adquira consistência através de observações e experimentos. Discordâncias saudáveis são normais em descobertas de ponta.

***

Em 1660, apenas dezoito anos após a morte de Galileu, foi fundada a Royal Society of London [Sociedade Real de Londres], que continua firme e forte na condição de academia científica independente mais antiga do mundo. Ideias científicas revolucionárias têm sido contestadas ali desde então, tendo como base seu lema extraordinariamente direto: "Não tome como verdade as palavras de ninguém." Em 1743, Benjamin Franklin fundou a American Philosophical Society [Sociedade Americana de Filosofia] para promover o "conhecimento útil". E assim tem sido até hoje, com integrantes representando todos os campos de atividades acadêmicas, tanto no âmbito das ciências exatas quanto no das humanas. E em 1863, um ano no qual ele claramente tinha assuntos mais urgentes a tratar, Abraham Lincoln — o primeiro presidente republicano dos Estados Unidos da América [EUA] — decretou a criação da National Academy of Sciences [NAS — Academia Nacional de Ciências], registrada num ato do Congresso. Esse corpo augusto iria fornecer conselhos independentes à nação, com base na história recente, em assuntos relacionados a ciência e tecnologia.

Adentrando o século XX, uma proliferação de agências com missões científicas passou a servir ao mesmo propósito. Nos EUA, elas incluem a National Academy of Engineering [NAE — Academia Nacional de Engenharia], a National Academy of Medicine [NAM — Academia Nacional de Medicina], a National Science Foundation [NSF — Fundação Nacional de Ciências] e os National Institutes of Health [NIH — Institutos Nacionais de Saúde]. A lista inclui ainda a National Aeronautics and Space Administration [NASA — Administração Nacional Aeronáutica e Espacial], que explora o espaço e a aeronáutica, o National Institute of Standards and Technology [NIST — Instituto Nacional de Padrões e Tecnologia], que explora os fundamentos da medição científica, em que todos os outros tipos de medição se baseiam; o Department of Energy [DOE — Departamento de Energia], que explora a energia em todas as suas formas úteis e utilizáveis, e a National Oceanic and Atmospheric Administration [NOAA — Administração Nacional Oceânica e Atmosférica], que explora o tempo e o clima na Terra e como estes podem impactar o comércio.

Tais centros de pesquisa, assim como outras fontes confiáveis de publicação de artigos científicos, podem empoderar políticos de formas que levem a governos bem informados e esclarecidos. Isso não acontecerá até que os eleitores, e os eleitos, venham a compreender como e por que a ciência funciona. As conquistas científicas obtidas pelas instituições de pesquisa de uma nação constituem o solo fértil para o futuro dessa nação e são cultivadas pela abrangência e pela profundidade do apoio que as agências recebem das estruturas administrativas que as governam.

Após uma profunda reflexão sobre como um cientista enxerga o mundo, sobre a aparência da Terra quando vista do espaço, e sobre a magnitude da idade cósmica e do espaço infinito, todos os pensamentos terrestres mudam. O cérebro realinha as prioridades da vida e reavalia as atitudes que se pode tomar. Nenhuma visão da cultura, sociedade ou civilização permanece intacta. Neste estado de espírito, o mundo parece diferente. Você é transportado.

Você experimenta a vida pelas lentes de uma perspectiva cósmica.

UM

VERDADE & BELEZA

Estética na vida e no cosmos

Desde a antiguidade, os temas "verdade" e "beleza" ocupam a mente de nossos maiores pensadores — em especial a de filósofos e teólogos e a de um ou outro poeta, como John Keats, que observa em seu poema de 1819 *"Ode on a Grecian Urn"* [Ode a uma urna grega]:[1]

A beleza é a verdade; a verdade, a beleza — e só.

Como será que esses temas seriam vistos por alienígenas que atravessassem a galáxia para nos visitar? Eles não teriam como referência nenhum dos nossos pontos de vista. Nenhuma das nossas preferências. Nenhuma das nossas noções preconcebidas. Eles veriam com outros olhos o que valorizamos como humanos. Poderiam até perceber que o próprio conceito de verdade, na Terra, é carregado de ideologias conflitantes que precisam desesperadamente de objetividade científica.

Dotados de métodos e ferramentas de investigação refinados ao longo dos séculos, os cientistas podem ser os únicos descobridores do que é objetivamente verdadeiro no Universo. Verdades objetivas se aplicam a todas as pessoas, lugares e coisas, assim como a todos os animais, vegetais e minerais. Algumas dessas verdades se estendem através do espaço e do tempo. Elas são verdades mesmo quando você não acredita nelas.

Verdades objetivas não vêm de nenhuma autoridade eleita, nem de um único artigo de pesquisa. A imprensa, na ânsia de conseguir um furo de reportagem, pode acabar confundindo o entendimento público sobre como funciona a ciência ao destacar um artigo científico recém-publicado como trazendo uma verdade, talvez até divulgando o pedigree acadêmico dos autores. Quando extraída da fronteira do pensamento, a verdade ainda pode demorar a se assentar. A pesquisa pode vagar até que os experimentos convirjam em uma ou outra direção — ou em nenhuma direção, uma sinalização da ausência completa de algum fenômeno. Essas verificações e avaliações cruciais normalmente demoram anos, então dificilmente são consideradas "furo de reportagem".

Verdades objetivas, estabelecidas por repetidos experimentos que fornecem resultados consistentes, não se revelam falsas depois. Não há a necessidade de revisitar a questão de a Terra ser redonda; de o Sol ser quente; de humanos e chimpanzés compartilharem mais de 98% de DNA idêntico; ou de o ar que respiramos ser composto por 78% de nitrogênio. A era da "física moderna", nascida com a revolução quântica do início do século XX e com a revolução da relatividade aproximadamente na mesma época, não descartou as leis do movimento e da gravitação de Newton. Em vez disso, ela descreveu realidades mais profundas da natureza, tornadas visíveis por métodos e ferramentas de investigação ainda mais refinados. Como uma matriosca, a física moderna encapsulou a física clássica com essas verdades mais abrangentes. A única ocasião em que a ciência não consegue garantir verdades objetivas é na fronteira pré-consensual da pesquisa. A única era em que a ciência não conseguiu garantir verdades objetivas foi antes do século XVII, época em que os nossos sentidos — insuficientes e tendenciosos — eram as únicas ferramentas à nossa disposição para nos informar sobre o mundo natural. Verdades objetivas existem independentemente de uma percepção da realidade calcada nos cinco sentidos. Com ferramentas adequadas, elas podem ser verificadas por qualquer um, a qualquer momento e em qualquer lugar.

As verdades objetivas da ciência não são fundamentadas em sistemas de crenças. Não são estabelecidas pela autoridade de líderes ou pelo poder da persuasão. Tampouco são aprendidas por repetição ou obtidas por meio de pensamentos mágicos. Negar verdades objetivas é uma questão de analfabetismo científico, e não de defesa de princípios ideológicos.

Depois de tudo isso, você pensaria que apenas uma definição de verdade deveria existir neste mundo, mas não. Pelo menos dois outros tipos prevalecem e conduzem a algumas das mais belas e também mais violentas manifestações de conduta humana. As verdades pessoais têm o poder de controlar sua mente, seu corpo e sua alma, mas não são baseadas em evidências. Verdades pessoais são o que você tem certeza de que é verdade, ainda que não possa — sobretudo se não puder — provar. Algumas dessas ideias resultam do que você quer que seja verdade. Outras são transmitidas por líderes carismáticos ou doutrinas sagradas, sejam antigas ou contemporâneas. Para alguns, em particular nas tradições monoteístas, Deus e Verdade são sinônimos. A Bíblia cristã diz:[2]

> *Disse-lhe Jesus: Eu sou o caminho, a verdade e*
> *a vida; ninguém vem ao Pai, senão por mim.*

Verdades pessoais são aquelas nas quais você pode se agarrar fervorosamente, mas não encontra formas de convencer os outros que discordam delas, a não ser por discussões acaloradas, coerção ou uso de força. Elas formam a base das opiniões da maioria das pessoas e normalmente são inofensivas, quando guardadas para si ou discutidas a uma mesa de bar. Jesus é o seu salvador? Maomé foi o último profeta de Deus na Terra? O governo deveria cuidar dos pobres? As leis de imigração atuais são muito rígidas ou muito permissivas? Beyoncé é sua rainha? No universo *Star Trek*, você seria qual dos capitães? Kirk ou Picard — ou Janeway?

Diferenças de opinião enriquecem a diversidade de uma nação e devem ser valorizadas e respeitadas em qualquer sociedade livre, desde que todos permaneçam livres para discordar uns dos outros e, mais importante, que todos permaneçam abertos a argumentos racionais que possam mudar suas opiniões. Infelizmente, a conduta de muitos nas redes sociais tem se encaminhado para o oposto disso. A receita que seguem: encontrar uma opinião de que discordam e despejar ondas de ódio e indignação por sua visão divergir da deles. Tentativas políticas, sociais ou legislativas de exigir que todos concordem com suas verdades pessoais são, basicamente, ditaduras.

Entre os entusiastas do vinho, há a expressão latina *"in vino veritas"*, que se traduz como "no vinho está a verdade". Audaciosa para uma bebida que contém entre 12% e 14% de etanol, uma molécula que compromete o funcionamento cerebral e que por acaso (não que isso seja relevante aqui) é bastante comum no espaço interestelar. Mesmo assim, esse dito sugere que pessoas bebendo vinho em grupo se verão, de forma espontânea, sendo calmamente verdadeiras umas com as outras. Isso talvez aconteça em algum nível com outras bebidas alcoólicas. Mesmo assim, pouquíssimos de nós já viram uma briga de bar envolver duas pessoas bebendo vinho. Talvez gim. Uísque, com certeza. Chardonnay, não. Imagine o absurdo dessa fala no roteiro de um filme: "Vou acabar com a sua raça, mas só depois que terminar de beber meu Merlot!" Isso também poderia se aplicar à marijuana. Antros de fumo não tendem a ser locais onde brigas começam.

Evidência comprobatória, embora cinematograficamente anedótica, de que verdades honestas podem gerar entendimento e conciliação. Talvez seja porque a honestidade é melhor que a desonestidade, e que as verdades sejam mais belas que as inverdades.

Muito além das verdades vínicas, e primas em primeiro grau das verdades pessoais, estão as verdades políticas. Essas ideias e pensamentos já estão em sintonia com seus sentimentos, mas se tornam verdades incontestes através da repetição incessante nos meios de comunicação, que fazem com que você acredite nelas — uma característica fundamental da propaganda. Tais sistemas de crença quase sempre insinuam ou declaram explicitamente que quem você é, ou o que você faz, ou como você o faz, é melhor do que aqueles que você deseja subjugar ou conquistar. Não é nenhum segredo que pessoas darão a própria vida, ou tirarão a vida de outros, na defesa daquilo em que acreditam. Frequentemente, quanto menos evidência real existir em apoio a uma ideologia, mais provável é que uma pessoa esteja disposta a morrer pela causa. Os alemães arianos da década de 1930 não nasceram achando que faziam parte de uma raça superior a todas as outras no mundo. Eles tiveram que ser doutrinados. E foram. Por uma máquina política eficiente e azeitada. Por volta de 1939, com o início da Segunda Guerra Mundial, milhões estavam dispostos a morrer por ela — e morreram.

***

A estética do que é belo e desejado em uma cultura normalmente muda de uma estação para outra, de um ano para o outro, de geração em geração, sobretudo no que diz respeito à moda, arte, arquitetura e ao corpo humano. Baseado no tamanho da indústria de cosméticos e no ainda maior complexo industrial da beleza, visitantes alienígenas sem dúvida pensariam que nós nos consideramos irremediavelmente feios, precisando sempre de "melhorias". Desenvolvemos utensílios domésticos para alisar cabelos encaracolados e para cachear cabelos lisos. Inventamos métodos para implantar pelos onde não há e para remover pelos indesejados. Usamos produtos químicos tonalizantes para escurecer cabelos claros e para clarear cabelos escuros. Não toleramos acne nem nenhuma outra imperfeição na pele. Usamos sapatos que nos deixam mais altos e perfumes que nos deixam mais cheirosos. Usamos maquiagem para realçar elementos que favoreçem a nossa aparência e para ocultar os que a desfavorecem. No fim, não sobra muita coisa real na nossa aparência. A beleza que criamos sequer penetra nossa pele. Ela se esvai na água do banho.

Aquilo que é objetivamente verdadeiro ou honestamente autêntico — na Terra ou no céu — tende a possuir uma beleza intrínseca que transcende tempo, espaço e cultura. O pôr do Sol não deixa de nos fascinar, mesmo sendo uma ocorrência diária. Além de sua beleza, também sabemos tudo sobre as fontes de energia termonuclear no núcleo solar. Sabemos da jornada tortuosa dos fótons ao emergirem do Sol. Sabemos de sua rápida viagem através do espaço até serem refratados na atmosfera terrestre em direção às nossas retinas. O cérebro então processa e "enxerga" a imagem de um pôr do Sol. Esses fatos adicionais — essas verdades científicas — têm o poder de aprofundar qualquer significado que possamos atribuir de outra forma à beleza da natureza.

Dificilmente algum de nós já se cansou da visão de cachoeiras ou da Lua cheia emergindo no horizonte, seja num cenário urbano ou montanhoso. Constantemente emudecemos ante o espetáculo singular que é um eclipse solar total. Quem consegue ignorar a Lua crescente e Vênus, juntas, suspensas no céu crepuscular? O islamismo não conseguiu. A justaposição de uma "estrela" com a Lua crescente continua sendo um símbolo sagrado dessa fé. Vincent van Gogh também não conseguiu. Em 21 de junho de 1889,[3] ele a capturou do céu no alvorecer em Saint-Rémy, na França, criando o que talvez seja sua pintura mais famosa: *A noite estrelada*. E nunca parecemos nos cansar de receber imagens de paisagens panorâmicas captadas por robôs planetários, nem imagens cósmicas obtidas pelo Telescópio Espacial Hubble e por outros portais para o cosmos. As verdades da natureza são repletas de belezas e maravilhas, até os limites mais longínquos do espaço e do tempo.

Não é de surpreender, então, que o Deus ou os deuses que adoramos ocupem locais elevados, quando não o céu propriamente dito. Ou que associemos locais elevados a uma maior proximidade de Deus — do topo das montanhas às nuvens fofas e ao céu em si. A arca de Noé encalhou no topo do Monte Ararat, não às margens de um lago ou um rio. Moisés não recebeu os dez mandamentos em um vale ou em uma planície. Ele os recebeu no alto do Monte Sinai. O Monte Sião e o Monte das Oliveiras são lugares sagrados no Oriente Médio, assim como o Monte das Beatitudes, provável local do famoso Sermão da Montanha proferido por Jesus.[4] O Monte Olimpo ficava acima das nuvens, repleto de deuses gregos. E mais: altares tendem a ser construídos em lugares altos, não baixos, como os sacrifícios humanos realizados pelos astecas, por exemplo, que comumente aconteciam no topo de pirâmides mesoamericanas.[5]

Quantas vezes deparamos com pôsteres, ou até obras de arte, representando querubins, anjos, santos ou o próprio Deus barbudo pairando no ar sobre uma nuvem cúmulo-nimbo — a mais grandiosa delas. A taxonomia das nuvens fascinava o meteorologista escocês Ralph Abercromby, e em 1896 ele documentou a maior quantidade possível delas pelo mundo, criando uma sequência numérica. As cúmulos-nimbos apareceram na nona posição, o que cristalizou o uso da expressão *"cloud nine"* (nuvem nove) na língua inglesa, em referência a se estar "nas nuvens" ou em "estado de graça".[6] Combine a nona nuvem com raios solares que se espalham pelos quatro cantos de uma imagem e é impossível não pensar em beleza divina.

Por outro lado, religiões animistas, bastante comuns entre os povos indígenas ao redor do planeta, do Alasca à

Austrália, tendem a afirmar que a própria natureza — os riachos, as árvores, o vento, a chuva e as montanhas — é imbuída de algum tipo de energia espiritual. Se os povos antigos tivessem tido acesso às imagens cósmicas de hoje, suas divindades poderiam ter ocupado muitos outros cenários de beleza ímpar enquanto observavam a Terra do alto. Uma nebulosa (PSR B1509-58), cuja imagem em raios X foi feita pelo satélite em órbita Conjunto de Telescópios Espectroscópicos Nucleares (NuSTAR), assemelha-se a uma mão enorme e brilhante no espaço, representando claramente um pulso, a palma, o polegar estendido e dedos. Ainda que a nebulosa seja produto dos resquícios luminosos da explosão de uma estrela já morta, isso não impediu que ela fosse apelidada de "A Mão de Deus" (*ver encarte de fotos no fim do livro*).

Paralelamente à forma alfanumérica como são catalogadas,[7] costumamos atribuir nomes às nebulosas astrofísicas conforme sua aparência, fazendo uso das mais divertidas referências mundanas, incluindo a nebulosa Olho de Gato (NGC 6543), a nebulosa do Caranguejo (NGC 1952), a nebulosa do Haltere (NGC 6853), a nebulosa da Águia (NGC 6611), a nebulosa da Hélice (NGC 7293), a nebulosa Cabeça de Cavalo (IC 434), a nebulosa da Lagoa (NGC 6523), a nebulosa Fatia de Limão (IC 3568), a nebulosa da América do Norte (NGC 7000), a nebulosa da Coruja (NGC 3587), a nebulosa do Anel (NGC 6720) e a nebulosa da Tarântula (NGC 2070). Sim, elas realmente parecem — ou evocam fortemente — aquilo cujo nome nós lhes atribuímos. Mais um exemplo: a nebulosa do Pacman (NGC 281), em homenagem ao faminto personagem de videogame dos anos 1980.

O esplendor não termina aqui. No nosso próprio sistema solar temos cometas, planetas, asteroides e luas, cada astro revelando uma deslumbrante singularidade de aparências e formatos. Sobre muitos desses objetos, acumulamos conhecimentos profundos e objetivamente verdadeiros acerca de sua composição, de onde vêm e para onde estão indo. Tudo isso enquanto giram e se movem em suas trajetórias pelo vácuo do espaço como dançarinos dando piruetas num balé cósmico, coreografados pelas forças da gravidade.

***

Na Casa Branca dos anos 1990, o presidente Bill Clinton mantinha na mesa de centro do Salão Oval, entre os dois sofás posicionados frente a frente, uma amostra de rocha lunar trazida à Terra pelos astronautas do programa Apollo, de uma distância aproximada de 400 mil quilômetros. Ele me contou que toda vez que alguma discussão entre adversários geopolíticos ou parlamentares teimosos estava prestes a começar, ele apontava para a rocha e lembrava a todos que ela veio da Lua.[8] Esse gesto frequentemente realinhava o debate, servindo de lembrete de que as perspectivas cósmicas nos forçam a parar e refletir sobre o significado da vida e o valor da paz que a preserva.

Uma forma de beleza em si.

Mas a natureza não limita sua beleza às coisas. Ideias objetivamente verdadeiras possuem beleza própria. Permitam-me listar alguns de meus exemplos favoritos:

Uma das equações mais simples em todos os campos da ciência é também a mais abrangente: a equivalência de Einstein entre energia (E) e massa (m): $E = mc^2$. O c minúsculo representa a velocidade da luz — uma constante que aparece em um número incontável de lugares à medida que desvendamos os códigos cósmicos que fazem o Universo funcionar. Dentre zilhões de outros lugares onde ela aparece, essa pequena equação corrobora a forma como todas as estrelas do Universo têm gerado energia desde o princípio dos tempos.

Igualmente simples, e não menos abrangente, é a segunda lei do movimento de Isaac Newton, que estabelece precisamente a velocidade de aceleração de um objeto (a) quando sob a ação de uma força (F): $F = ma$. O m representa a massa do objeto sendo empurrado. Essa pequena equação, bem como sua posterior extensão elaborada por Einstein em sua teoria da relatividade, corrobora todos os movimentos que já existiram e todos os que existirão para todos os objetos no Universo.

A física pode ser bela.

Você provavelmente já ouviu falar de pi — um número entre 3 e 4 que abriga uma quantidade infinita de casas decimais, apesar de ser comumente abreviado como 3,14. Aqui vai o pi com dígitos suficientes para que os dez algarismos de 0 a 9 apareçam:

3,14159265358979323846264338327950...

Obtém-se o pi ao dividir o perímetro de um círculo por seu diâmetro. Essa mesma razão prevalece não importando o tamanho do círculo. A própria existência do pi é uma verdade abrangente da geometria euclidiana, celebrada a cada ano pelos nerds de carteirinha no dia 14 de março — uma data que, no formato americano, é escrita como 3.14.

A matemática pode ser bela.

O oxigênio promove a combustão. O hidrogênio é um gás explosivo. Combine os dois e obtenha água (H_2O), um líquido que apaga incêndios. O cloro é um gás tóxico e cáustico. O sódio é um metal macio o suficiente para ser cortado com uma faca e leve o suficiente para flutuar em água. Mas não tente fazer isso em casa porque ele reage de forma explosiva na água. Combine os dois e obtenha cloreto de sódio (NaCl), mais conhecido como sal de cozinha.

A química pode ser bela.

A Terra abriga pelo menos 8,7 milhões de espécies[9] de seres vivos, a maioria delas de insetos. Essa assombrosa diversidade de vida surgiu a partir de organismos unicelulares há quatro bilhões de anos. Neste exato instante, no nosso planeta, uma harmoniosa interseção de terra, mar e ar viabiliza cada uma delas. Estamos todos juntos nisso. Uma família genética na espaçonave Terra.

A biologia pode ser bela.

E quanto a tudo que é verdade, porém feio, no mundo? A Terra é frequentemente vista como um refúgio para as formas de vida — cuidadas pelos instintos maternos da

Mãe Natureza. Até certo ponto, isso é verdade. A Terra fervilha com vida desde que foi capaz de abrigá-la. Ainda assim, a Terra também é uma máquina assassina gigante. Mais de 99% de todas as espécies que já viveram estão agora extintas[10] em razão de forças como mudanças climáticas regionais ou globais, além de catástrofes ambientais como vulcões, furacões, tornados, terremotos, tsunamis, doenças e infestações. O Universo também é uma máquina assassina, responsável por impactos de cometas e asteroides, o mais famoso deles tendo colidido com a Terra há 66 milhões de anos, levando à extinção dos famosos dinossauros de proporções gigantescas, bem como de 70% de todas as espécies de vida terrestres e marinhas no nosso planeta. Nenhum animal terrestre maior que uma bolsa de viagem sobreviveu.

Uma verdade difícil de admitir é nosso fascínio mórbido por catástrofes geológicas de grande magnitude e por sistemas climáticos destrutivos. Há beleza em todas essas coisas — talvez pertençam inclusive a uma categoria própria de beleza: algo para se ver e admirar, mas apenas de uma distância segura, embora algumas pessoas ignorem essa regra. Como então explicar os "caçadores de tempestade" e os meteorologistas com tendências suicidas que entram ao vivo de um píer enquanto tempestades catastróficas castigam o litoral, encharcando-se por completo, assim como a quem quer que tenha sido escalado como operador de câmera naquele dia.

Um vulcão é esplendoroso de todos os ângulos. A lava vermelha e quente que sai de sua caldeira e desce pela encosta formando rios e afluentes é composta de rocha liquefeita. Em temperatura ambiente, é sobre isso que nos assentamos, construímos lares, e é o que usamos como metáfora para tudo o que é estável no mundo. O vulcão construiu a si mesmo com rochas liquefeitas, naquele local, no seu ritmo, servindo de portal para o submundo (literalmente) da Terra.

E há algo mais belo que um furacão com quase 500 quilômetros de diâmetro, visto do alto ou do espaço, rodando vagarosamente como o cata-vento gasoso de nuvens tempestuosas que é? E o que dizer de uma tempestade vigorosa, com muitos raios ruidosos e assustadores, seja nuvem-nuvem ou solo-nuvem[11]?

E embora um asteroide tenha sido a causa da extinção dos dinossauros sinistros e com dentões enormes por aqui, sua ausência abriu um nicho ecológico que permitiu que nossos minúsculos ancestrais mamíferos evoluíssem para algo mais ambicioso do que aperitivos de *T. Rex*. Isso é algo inegavelmente belo — pelo menos para o ramo da árvore da vida que culminou nos primatas, ao qual pertencemos.

***

Impactos cósmicos podem ser destrutivos e letais independentemente de onde ocorram. Quando os astrônomos e pesquisadores Caroline e Eugene Schoemaker, juntamente com David Levy, descobriram o cometa Schoemaker-Levy 9 (um dos muitos cometas que levam seus nomes), os astronerds do mundo todo se empenharam em dar uma espiada nele com suas lunetas e telescópios. Por quê? Após a descoberta, a órbita calculada do cometa indicava uma rota de colisão direta com o planeta Júpiter. Astrofísicos de todas as partes do mundo mobilizaram nossos maiores e mais poderosos telescópios, incluindo o Hubble. Horários de observação telescópica que já estavam reservados foram voluntariamente cedidos. Designamos até a *Galileo*, uma sonda espacial com destino a Júpiter, que ainda não tinha chegado lá, a participar das observações. Numa visita anterior, as forças colossais da maré de Júpiter haviam despedaçado o cometa, criando uma procissão de pedaços menores que permaneceram em órbita. Em 16 de julho de 1994, testemunhamos o primeiro de quase duas dúzias de impactos — os fragmentos de A a W — em Júpiter. O maior desses, o fragmento G, colidiu com a energia de 6 teratons (6 milhões de megatons) de TNT, equivalente a 600 vezes todo o arsenal de armas nucleares do mundo. Esses impactos deixaram cicatrizes visíveis na atmosfera de Júpiter, maiores que a própria Terra.

E foi belo.

Uma perspectiva cósmica cobre com um manto o local dos danos e do caos causados por essas catástrofes. Sua beleza abarca tudo o que é destrutivo. Tudo o que é letal. Nada morreu em Júpiter naquele dia. Se aqueles fragmentos de cometa tivessem atingido a Terra, teria sido um evento em nível de extinção.

Talvez a linha que foi traçada para separar o que é considerado belo do que é considerado feio dependa do poten-

VERDADE & BELEZA | 39

cial que cada coisa tem de nos ferir ou não. Um exemplo de algo objetivamente feio na natureza seria, possivelmente, a imagem do baixo-ventre de uma tarântula — lindo apenas para aracnólogos, talvez. Uma tarântula pode nos ferir com sua picada, e talvez saibamos disso intuitivamente. E o que dizer de um dragão-de-komodo nos seguindo? Ou de um enxame de carrapatos ou sanguessugas? E quanto à malária? Ou à bactéria que causa a peste bubônica? Ou ao vírus da varíola ou da AIDS? E todas as mutações celulares espontâneas que causam defeitos congênitos, cânceres e outras doenças que encurtam nossa vida na loteria genética? Todos fazem parte da mesma natureza que contém inúmeros objetos e cenas que admiramos. Mas nenhum desses parasitas, doenças ou criaturas assustadoras aparece em pôsteres com citações bíblicas. A varíola, a malária e a peste bubônica juntas já mataram mais de 1,5 bilhão de pessoas através dos tempos, no mundo todo. Esse número supera de longe todas as mortes em todos os conflitos armados na história da nossa espécie. A natureza matou mais de nós do que nós mesmos. Esses pensamentos dificilmente afloram (provavelmente nunca) quando declaramos a beleza da natureza.

Talvez devessem. Se isso acontecesse, seríamos mais honestos conosco no que diz respeito ao nosso lugar no Universo. Evidências nos mostram que a natureza não se importa com a nossa saúde ou longevidade. Estamos equipados com instintos naturais para separar tudo aquilo que pode nos ferir daquilo que pode nos fazer bem. Ainda assim, não há qualquer indicação vinda do espaço de que alguém ou algo no Universo irá chegar para nos salvar da Terra, ou de nós mesmos.

Só nós nos importamos conosco.

Pesquisadores da área médica desenvolvem vacinas para nos proteger de viroses letais e também remédios que combatem bactérias e parasitas. Arquitetos e empreiteiros criam residências e abrigos que nos protegem de catástrofes climáticas. No futuro, astrodinamicistas irão desenvolver sistemas espaciais para desviar a trajetória de asteroides assassinos vindo em nossa direção. Contrariando os princípios implícitos do movimento ambientalista, nem tudo que é natural é considerado belo e nem tudo que é considerado belo é natural.

Talvez seja por isso que o mundo precise de poetas. Não para interpretar o que é simples e óbvio, mas para nos ajudar a fazer uma pausa e refletir sobre a beleza das pessoas, dos lugares, das ideias — coisas às quais não costumamos dar o devido valor. Beleza simples que emana de verdades simples. Após ler o poema mais famoso de Joyce Kilmer,[12] você será capaz de passar por uma árvore sem refletir sobre o seu silencioso esplendor?

> *Creio que seja mero folclore*
> *Um poema tal como a árvore.*
>
> *Bela com uma boca que se encerra*
> *No seio doce e fluido da terra;*

Árvore que fica a olhar a Deus
E reza elevando os galhos seus;

Árvore que nesse calorzinho
Guarda dos sabiás o seu ninho;

Em cujo peito deitou a neve;
Que vive na chuva, mesmo breve.

Poemas são de tolos como os meus,
Mas para fazer árvores, só Deus.

Kilmer, nascido em Nova Jersey, foi morto pelo projétil de um atirador de elite na Frente Oriental durante a Primeira Guerra Mundial, em 1918. Alguém que morreu pelas mãos de outro ser humano e não pelas mãos da Mãe Natureza.

Onde isso nos deixa? Talvez em lugar nenhum. Talvez em todo lugar. Na minha opinião, como ser humano, como cientista e como residente da Terra, o que há de mais belo no Universo é provavelmente o fato de ele poder ser conhecido. Nenhuma mensagem dos céus escrita em tábuas exigiu que assim o fosse. E simplesmente é. Para mim, esse monte elevado da verdade objetiva faz do próprio Universo a coisa mais bela nele.

DOIS

EXPLORAÇÕES & DESCOBERTAS

O valor de ambas na formação da civilização

Os céticos frequentemente pensam na exploração espacial como um luxo, uma extravagância, preferindo resolver primeiro nossos problemas aqui na Terra. A lista de desafios sociais não mudou muito ao longo das décadas e inclui metas progressivas para acabar com a fome e a pobreza, melhorar a educação pública, reduzir as inquietações sociais e políticas, bem como acabar com as guerras. Essas podem ser manchetes poderosas em qualquer cobertura jornalística, ainda mais quando contrastadas com as dezenas de bilhões de dólares que o governo americano gasta anualmente com o espaço. O tema é calorosamente debatido na Índia,[1] um país que recentemente redobrou

EXPLORAÇÕES & DESCOBERTAS | 43

seus esforços para explorar o espaço, enquanto 800 milhões de seus cidadãos vivem na pobreza, metade dos quais em estado de miséria[2] — mais do que toda a população dos EUA. É estranho que esses mesmos céticos não considerem a possibilidade de fazermos as duas coisas: explorar o espaço e resolver os problemas da sociedade. A lista mundial de problemas desafiadores é muito mais antiga que o primeiro centavo gasto no espaço.

Para ilustrar, vamos voltar 30 mil anos e bisbilhotar nossos ancestrais habitantes de cavernas. Entre eles, os que possuem o ímpeto de explorar decidem consultar os anciãos dizendo: "Queremos ver o que existe fora da caverna." Os anciãos são sábios. Eles se reúnem em assembleia, avaliando os possíveis riscos e benefícios, e respondem: "Não. Precisamos primeiro resolver os problemas da caverna antes que alguém se aventure lá fora."

Um diálogo absurdo e risível, com certeza, mas, para um explorador espacial, é essa a impressão que dá quando as pessoas exigem que os problemas da Terra sejam resolvidos antes que qualquer um vá a qualquer lugar no Universo. Uma observação final sobre nossos trogloditas: eles respiravam ar puro. Bebiam água livre de impurezas. Comiam plantas orgânicas e animais criados ao ar livre — mesmo assim, sua taxa de mortalidade infantil altíssima os deixou com uma expectativa de vida de no máximo trinta anos. A ciência moderna faz toda a diferença.

Uma perspectiva cósmica nos faz lembrar que a Terra é um grão de poeira, isolado em um Universo rico e vasto. Seria a caverna diferente da Terra? Ainda assim, sabíamos mais sobre a Lua antes de colocar os pés lá pela primeira vez do que qualquer explorador dos séculos XV ou XVI sabia sobre seus destinos. Sabíamos mais sobre a superfície de Marte e onde pousar nossos astromóveis do que os desbravadores polinésios dos séculos XII e XIII sabiam sobre as ilhas do Pacífico que os aguardavam, muito além de seus horizontes oceânicos. Passamos séculos explorando e mapeando a superfície da Terra, até a descoberta da Antártica em 1820. Por outro lado, estamos explorando o espaço há apenas algumas poucas e preciosas décadas.

Se você sair da caverna, pode acabar descobrindo coisas que o ajudarão a resolver os problemas da própria caverna. A simples suspeita de que isso seja uma verdade requer uma presciência esclarecida. Você pode encontrar uma diversidade de plantas que servem como remédio. Pode descobrir uma multiplicidade de materiais — madeira, pedra, ossos — úteis para serem transformados em ferramentas. Pode descobrir novas fontes de água, comida e abrigo. E, o que é mais importante, a perspectiva está fora da caverna. Esses lugares não são apenas pontos de chegada, mas novas formas de ver as coisas. Você não precisa de um cientista para te dizer isso. O famoso escritor T. S. Eliot uma vez refletiu:[3]

> *Não cessaremos nunca de explorar*
> *E o fim de toda a nossa exploração*
> *Será a chegada ao ponto de partida*
> *Para conhecer o lugar pela primeira vez.*

EXPLORAÇÕES & DESCOBERTAS | 45

Essa é a analogia mais próxima da perspectiva cósmica já escrita por um poeta.

Parte do problema é que todos viemos de fábrica equipados com um pensamento linear, o que nos deixou propensos a pensar pequeno. Não é culpa nossa. Pensamos em adições e multiplicações, sem nenhuma pressão evolutiva para pensar em exponenciais. Uma exponencial é um número elevado à potência de outro número. Quando fazemos isso, as quantidades e razões descritas por elas aumentam (ou diminuem) mais rápido do que nossa capacidade normal de compreensão. Considere este exemplo simples: você pode escolher receber cinco milhões de dólares agora ou então receber um centavo que dobra de valor a cada dia durante um mês. A maioria das pessoas pegaria os cinco milhões de dólares e sairia correndo, não querendo nem saber dos centavos. Analisemos este cenário. Temos um centavo hoje. Dois centavos amanhã. Quatro centavos depois de amanhã. Oito centavos depois de depois de amanhã e assim por diante. Quanto dinheiro você terá no fim? Se fizer os cálculos direitinho, verá que no trigésimo primeiro dia você receberá US$ 10.737.418,24. E a soma de centavos dos seus trinta dias anteriores leva o seu total para US$ 21.474.836,47. Este é o poder de uma exponencial.

Em outro exemplo, você fica sabendo que uma espécie de alga indesejada está se espalhando pela superfície de seu lago favorito. O crescimento é persistente e a área que ela ocupa duplica a cada dia. Após um mês, metade do lago está coberto de algas. Neste ritmo, em quanto tempo o lago estará completamente coberto por algas? Nosso cérebro linear e primitivo calcula "um mês". Mas a resposta correta é "um dia". Não importa quanto tempo demorou para que o lago tivesse sua metade coberta por algas. Se a taxa de crescimento dobra a cada dia, você pode ter certeza de que quando estiver coberto pela metade faltará apenas um dia.

O colapso devastador do sistema econômico americano em 2008 foi desencadeado por empréstimos predatórios a juros baixos e com taxas flutuantes que concederam financiamentos imobiliários a pessoas inaptas. Quem sabe esse episódio econômico poderia ter sido minimizado, ou até totalmente evitado, se as pessoas que tiveram seus empréstimos aprovados estivessem familiarizadas com cálculos exponenciais. Elas teriam percebido imediatamente que qualquer aumento nas taxas de juros compostos as teria levado à falência, dando a elas o poder de recusar os empréstimos logo de cara.

Considere com que frequência fazemos cálculos lineares simples de cabeça: estamos dirigindo há uma hora e percorremos a metade do caminho, então falta mais uma hora até chegarmos em casa. Isso é pensamento linear puro e simples. Mas, no espírito do "Já estamos chegando?", aqui vai uma frase que jamais foi pronunciada na história dos meios de transporte:

Estamos dirigindo há um milésimo de segundo e já andamos três milionésimos do caminho, então faltam apenas mais 2.999.999 segundos para chegarmos em casa.

EXPLORAÇÕES & DESCOBERTAS | 47

No entanto, fatores matemáticos de milhões e bilhões e trilhões são frequentes cosmicamente. A esfera da Terra, que é tão grande que faz algumas pessoas (ainda) acharem que é plana, parece mínima se comparada ao Sol. Se o Sol fosse oco, poderíamos despejar um milhão de Terras em seu volume e ainda sobraria espaço. Não paremos aí. Em 5 bilhões de anos, quando o Sol morrer, ele passará por uma fase chamada gigante vermelha, na qual inchará enormemente, engolfando as órbitas de Mercúrio, Vênus e muito provavelmente da Terra também. Com isso, o Sol terá inflado 10 milhões de vezes o seu tamanho atual. O sistema solar, até o cinturão de Kuiper depois de Netuno, é ainda um milhão de vezes maior. A alma da perspectiva cósmica — sua energia espiritual — provém da aceitação dessas escalas de medidas astronômicas. A falta de habilidade em abraçar essas escalas pode frustrar tentativas de compreender a profundidade do tempo em que vivemos e do espaço em que nos deslocamos.

***

Um certo destemor perante medidas de grandeza também é necessário para se acolher a biologia e a geologia modernas. Consideramos a evolução darwiniana algo imperceptível de tão lento. Isso é porque vivemos, no máximo, cem anos, e nossa constituição cerebral resiste ao fato de que a especiação pode levar milhares ou até milhões de vezes mais que nosso tempo de vida para acontecer. Foi assim que passamos dos roedores mamíferos ancestrais, que corriam por entre as patas dos *T. Rex*, aos seres humanos em 66 milhões de anos — um período correspondente a apenas 1,5% dos 3,8 bilhões de anos em que a Terra vem abrigando vida. Ainda parece um passado muito distante? Quer saber o que também leva muito tempo? A formação da estrutura geológica de relevos como o Grand Canyon, no Arizona, e a deriva continental, em que as maiores massas de terra do nosso planeta se movem pela superfície a uma velocidade comparável à do crescimento das nossas unhas. E a minha preferida? Se a extensão de um campo de futebol acomodasse a linha do tempo do Universo, com o Big Bang em uma extremidade e este exato instante na outra, toda a história já registrada da humanidade abrangeria a espessura de uma folha de grama na linha do gol.

As descobertas e explorações terrestres são há muito associadas à usurpação de terras por militares ou por potências colonizadoras, como sintetiza o notório epigrama de Júlio César (cerca de 45 a.C.):

Veni, vidi, vici (Vim, vi, venci).

Essa atividade também envolvia fincar bandeiras em lugares desconhecidos e jamais visitados, como o polo sul ou o topo do Monte Everest. Fincavam-se bandeiras também onde já havia habitantes para saudar os exploradores, o que nos remete ao que Cristóvão Colombo escreveu ao rei Fernando e à rainha Isabel em 1493 após sua primeira viagem ao Caribe:[4]

EXPLORAÇÕES & DESCOBERTAS | 49

Encontrei muitas ilhas povoadas por numerosas pessoas.
Tomei posse de todas elas para Suas Altezas Reais afortunadas,
através de proclamações públicas e da bandeira real estendida.

Até a missão da *Apolo 11* à Lua fincou uma bandeira
— a dos EUA. Embora a placa que a acompanhava fosse
diferente de qualquer outra na história das hegemonias:

AQUI HOMENS DO PLANETA TERRA
PISARAM NA LUA PELA PRIMEIRA VEZ.
JULHO, 1969 D.C.
VIEMOS EM PAZ, EM NOME DE TODA A HUMANIDADE

Com a Terra mapeada e a Lua visitada, nosso conceito
coletivo de explorações e descobertas precisa se estender para o sistema solar e além. Esse exercício também
inclui a descoberta de ideias, invenções e novas formas
de fazer as coisas.[5] Com sistemas implementados para
disseminar pensamentos, como congressos científicos,
revistas especializadas e registros de patentes, cada nova
geração pode usar as descobertas das gerações anteriores
como ponto de partida. Nada de reinventar a roda. Nada
de desperdiçar esforços. Esse fato óbvio e direto tem
consequências profundas. Significa que o conhecimento
cresce exponencialmente, não linearmente, tornando
nosso cérebro incapaz de prever o futuro com base no
passado. Também nos deixa com a sensação de que, com
todas essas descobertas e invenções maravilhosas — as que
acontecem durante nosso tempo aqui —, estamos vivendo

uma época especial. Mas esta é uma característica fundamental do crescimento exponencial: todos acreditam estar vivendo uma época especial, não importando onde estejam na curva do tempo. Quantas vezes não ouvimos a expressão "os milagres da medicina moderna"? Agora dê uma olhada na maleta do médico de cinquenta anos atrás com ferramentas assustadoras e tratamentos questionáveis e você ficará muito feliz por estar vivendo hoje em vez de em qualquer outra época. As pessoas naquela época também se orgulhavam dos seus próprios avanços em comparação a cinquenta anos antes. Em nenhum momento do crescimento exponencial as pessoas irão dizer "nossa, vivemos mesmo numa época atrasada", independentemente de quão atrasada ela pareça a gerações subsequentes.

Tomando emprestada a matemática daqueles centavos e algas, qual o "tempo de duplicação" das explorações e descobertas? Em 1995, quando eu fazia pós-doutorado na Universidade de Princeton, achei que seria divertido medir uma parede de revistas científicas nas prateleiras da biblioteca de astrofísica de Peyton Hall. Uma única publicação, *The Astrophysical Journal*, é dominante na minha área e ocupava a maior parte das prateleiras. O arranjo perfeito para o meu experimento de duplicação. A edição inaugural data de 1895. Só o que fiz foi localizar o meio da parede e anotar o ano das revistas naquela posição. Era 1980. Isso significa que houve tantas pesquisas de astrofísica publicadas nos quinze anos entre 1980 e 1995 quanto as que haviam sido publicadas desde 1895. Este é um tempo de

EXPLORAÇÕES & DESCOBERTAS　　51

duplicação de quinze anos, mas será que ele se confirmaria desde o início? Então procurei o ponto médio entre 1895 e 1980. Era 1965. O próximo ponto médio foi 1950, seguido de 1935 e então 1920. Eu posso ter errado por um ou dois anos porque ao longo do tempo as páginas do *Journal* aumentaram de tamanho. Eu estava medindo os espaços ocupados nas prateleiras enquanto, para ser preciso, deveria estar somando as áreas das páginas impressas, mas a lição extraída desse exercício não deixa de ser clara.

Podemos pensar que a cultura acadêmica emergente do "publique ou pereça" tenha aumentado a pressão para produzir artigos superficiais, impulsionando artificialmente a produtividade dos pesquisadores. Não. Isso é o simples resultado do aumento no número de pesquisadores e da produtividade que advém das grandes colaborações.[6] Mais tarde, eu descobriria que um tempo de duplicação de quinze anos é consistente com o ritmo de outros campos ativos de investigação científica.

E quanto às invenções? O Escritório de Patentes e Marcas Comerciais dos EUA registrou 3,5 milhões de patentes entre os anos 2010 e 2020, mais do que havia sido registrado no intervalo de quase quarenta anos entre 1963 e 2000.[7] Então eles também estão indo bem.

Tudo isso me fez refletir: qual seria o tempo de duplicação da sociedade moderna? E como eu poderia medi-lo? Eu não sei, mas vou adorar tentar descobrir. Vamos olhar para sequências de trinta anos do mundo industrializado desde 1870, com ênfase nos EUA, e comparar a vida no início de cada intervalo com a vida no fim dele. Como as explorações e as descobertas, os impulsionadores da ciência, moldaram nossas vidas?

Entre 1870 e 1900 há avanços maravilhosos nos transportes. Navios a vapor cruzam os oceanos em tempo recorde. Em 1869 o último "prego de ouro" é martelado, completando a ferrovia transcontinental com cerca de 3.200 quilômetros que cruza os EUA. Isso viabiliza décadas de mobilidade e expansão para a população. Em 1893, o lendário Expresso do Oriente, dentre as várias rotas férreas no continente, começa seu circuito de cerca de 2.250 quilômetros entre Paris e Istambul. O trem tornou o transporte por carruagem obsoleto em diversas rotas. Ainda em 1880, o engenheiro alemão Karl Benz aprimora o motor de combustão interna e faz nascer o primeiro automóvel prático. O inventor inglês John Kemp Starley aperfeiçoa o velocípede[8] — a quem devemos dar o crédito pela "bicicleta segura", hoje tão conhecida, que usa duas rodas de tamanhos iguais e uma correia conectando a roda traseira aos pedais. E, com o tempo, balões motorizados que permitem o transporte aéreo se tornam bastante populares.

A vida cotidiana em 1900 seria irreconhecível para alguém de 1870 que fosse transportado para o futuro.

Hora de olhar para as previsões publicadas em 1900 para o ano 2000. É isso o que as pessoas fazem quando um novo século começa. Com o sagaz subtítulo "The History of the Future" [A história do futuro], o site *paleofuture. com* é especialista nisso. Entre as previsões desenfreadas,

EXPLORAÇÕES & DESCOBERTAS | 53

como as que apareciam nas revistas *Punch*, *The Atlantic Monthly* e *Collier*'s, estão simples extrapolações lineares do que estava acontecendo em 1900. Elas veem o potencial da iluminação elétrica, mas imaginam sua utilização apenas em ocasiões especiais. Adoram as viagens aéreas e imaginam que todos no futuro irão se deslocar em balões particulares, incluindo o Papai Noel — porque quem precisa de renas mágicas quando se tem dirigíveis? Novamente, nós humanos temos um raciocínio linear, então não dá para culpar essas publicações por suas fantasias pitorescas do futuro.

A última edição dominical no século XIX do jornal *Brooklyn Daily Eagle* trazia um caderno de dezesseis páginas com artigos e ilustrações intitulado "Things Will Be So Different a Hundred Years Hence" [As coisas serão tão diferentes daqui a cem anos]. Os colaboradores — líderes empresariais e militares, pastores, políticos e especialistas de outras áreas — opinavam sobre como estaria a situação do trabalho doméstico, da pobreza, da religião, da higiene e da guerra no ano 2000. Eram entusiastas quanto ao potencial da eletricidade e do automóvel. Havia até um mapa de como seria o mundo, mostrando uma Federação Americana que compreende a maior parte do hemisfério ocidental desde as terras acima do Círculo Polar Ártico até o arquipélago da Terra do Fogo, além da África subsaariana, a metade sul da Austrália e a Nova Zelândia.

A maioria dos escritores retrata um futuro repleto de extrapolações fantasiosas das tecnologias da época, ainda

54 | MENSAGEIRO DAS ESTRELAS

que um futurista fosse incapaz de ver o futuro. George H. Daniels, que trabalhava para as ferrovias New York Central e Hudson River, olhou para a sua própria bola de cristal e fez a seguinte previsão:

É remota a possibilidade de que o século XX vá testemunhar melhorias tão grandes no transporte quanto às do século XIX.

Escrita apenas três anos antes da criação de uma máquina voadora mais pesada que o ar que efetuou um voo controlado, essa deve ser a previsão mais tola já feita. Em vez de só subestimar o futuro, como todo mundo, ele nega categoricamente um futuro de inovações — em sua própria área. Nesse mesmo artigo, Daniels prevê ainda o turismo global a preço acessível e a popularização do pão branco na China e no Japão. Ainda assim, ele simplesmente não consegue imaginar o que poderia substituir o vapor como fonte de energia para o transporte terrestre, muito menos imaginar um veículo mais pesado que o ar voando pelos céus. Embora estivesse na soleira da porta do século XX, o gerente do maior sistema mundial de trens urbanos não conseguia enxergar além do automóvel, da locomotiva e do navio a vapor. Mais uma vítima do pensamento linear inadvertidamente ocultado no crescimento exponencial.

Entre 1900 e 1930, a existência dos átomos é confirmada. Aeroplanos motorizados são inventados e o alcance de voo é estendido da distância de 36 metros percorrida pelos

EXPLORAÇÕES & DESCOBERTAS | 55

irmãos Wright em 1903 no seu Wright Flyer original para uma viagem de circuito fechado,[9] em 1930, com 8.398 quilômetros, registrada pelos aviadores italianos major Umberto Maddalena e tenente Fausto Cecconi. De volta ao chão, aprendemos a explorar as ondas de rádio como uma fonte fundamental de informação e entretenimento. O transporte urbano muda quase inteiramente de uma economia movida a cavalo, a espinha dorsal da civilização por milhares de anos, para uma economia automobilística, na qual não se abre mão dos cavalos. Esse período também testemunha uma guerra mundial onde aviões são utilizados pela primeira vez para combate. Orville Wright, escrevendo de Dayton, Ohio, lamentou este fato em uma carta datada de 19 de dezembro de 1918, endereçada a Alan R. Hawley, presidente do Aeroclube da América, na cidade de Nova York:[10]

> *Muito obrigado por seu telegrama lembrando o 15º aniversário de nosso primeiro voo em Kitty Hawk. Embora Wilbur, assim como eu, preferisse ver o avião se desenvolver para fins pacíficos, ainda assim acredito que seu uso nesta grande guerra dará incentivo para seu uso de outras maneiras.*

Enquanto isso, cidades são eletrificadas. Para ler à noite, não precisamos mais queimar cera, óleo de baleia ou qualquer outra fonte de chamas. E, nesse período, o cinema, ainda mudo e em preto e branco, se torna uma das principais fontes de entretenimento.

A vida cotidiana em 1930 seria irreconhecível para alguém de 1900 que fosse transportado para o futuro.

Entre 1930 e 1960, passamos de aviões voando a velocidades de algumas centenas de quilômetros por hora para a quebra da barreira da velocidade do som em 1947, e para o alvorecer da era espacial, inspirada em parte pelos foguetes balísticos desenvolvidos como armas bélicas. Em 1957, a União Soviética [URSS] lança o Sputnik, o primeiro satélite artificial da Terra, que viaja a uma velocidade aproximada de 28 mil quilômetros por hora em órbita baixa da Terra. Em 1958, o primeiro avião a jato comercial do mundo — o Boeing 707, operado pela Pan American Airways — conta com uma envergadura maior que a distância percorrida pelos irmãos Wright em seu primeiro voo de 1903. Esse período também testemunha uma segunda guerra mundial e a invenção do *laser*. Armas nucleares, desde a sua criação em 1945 até 1960 (meros 15 anos), aumentam o poder destrutivo por um fator de quase 4 mil, acompanhadas por tecnologias de foguetes e mísseis suborbitais, e descarregam tal poder destrutivo em qualquer lugar da superfície da Terra em apenas 45 minutos. Vemos a ascensão da televisão como uma fonte poderosa de informação instantânea e de entretenimento, assim como a ascensão ainda maior do cinema, agora com som e cores.

A vida cotidiana em 1960 seria irreconhecível para alguém de 1930 que fosse transportado para o futuro.

Entre 1960 e 1990, a Guerra Fria, com a corrida nuclear entre os EUA e a URSS, ameaça a sobrevivência da civili-

EXPLORAÇÕES & DESCOBERTAS | 57

zação. Apesar de ter se iniciado nos anos 1950, o arsenal americano de ogivas nucleares atinge seu apogeu nos anos 1960, enquanto o soviético atinge o seu nos anos 1980.[11] O Muro de Berlim, erguido em 1961, se torna o maior símbolo da "Cortina de Ferro" de Winston Churchill, separando a Europa Oriental da Ocidental. Contudo, o muro é demolido em 1989, quando a paz começa a se estabelecer na Europa. A comercialização dos transistores permite que aparelhos eletrônicos de uso pessoal possam ser miniaturizados, transformando os equipamentos audiovisuais de mobiliário pesado e fixo na sala de estar em algo que carregamos no bolso. O *laser* vai de uma peça especializada de equipamento de laboratório que custa dezenas de milhares de dólares para um apontador *laser* de 6 dólares, que compramos por impulso no caixa de uma loja de departamentos. Uma quantidade enorme de mulheres começa a ingressar no mercado de trabalho, em particular nas áreas profissionais tradicionalmente dominadas por homens. Os jornais de domingo renomeiam a "Seção Feminina" para "Seção de Casa". A moderna luta por direitos do movimento gay é lançada aos holofotes convencionais por causa da epidemia de AIDS que assola o mundo nesse período. É somente em 1987 que a "homossexualidade" é removida da lista de "doenças" mentais catalogada pela Associação Americana de Psiquiatria[12]. Os computadores deixam de ser equipamentos caros, do tamanho de cômodos inteiros, com finalidades específicas e de uso exclusivo para militares e cientistas, e passam a ser itens necessários na mesa de trabalho comum. O computador pessoal, apresentado nos anos 1980 pela IBM e pela Apple Computer, transforma permanentemente os hábitos diários de trabalho e lazer das pessoas. Os hospitais, na década de 1980, testemunham a disseminação do uso da ressonância magnética, uma ferramenta potente do arsenal profissional médico para o diagnóstico de doenças do corpo humano sem precisar abri-lo.

Em *De volta para o futuro 2* (1989), os cineastas imaginaram como seria a vida no futuro distante de 2015. Lá estavam os carros voadores. Todos querem carros voadores no futuro. Mas, em uma cena, Marty McFly, o protagonista, enfurece o seu chefe durante uma chamada de vídeo em casa e acaba perdendo o emprego. Sua demissão é informada na mesma hora via fax. E não por uma única máquina de fax. Sua residência futurista possui três delas, porque, se todos têm máquina de fax em 1989, então no futuro, 26 anos mais tarde, todos iriam com certeza possuir três. Para ser justo com Hollywood, isso não aconteceu apenas no cinema. Em 1993, a AT&T lançou uma campanha publicitária sobre o futuro cujo slogan era "Você vai". A empresa acertou a maior parte das previsões, mas um dos anúncios de TV mostrava uma pessoa em uma cadeira reclinável à beira da praia, rabiscando em um tablet, prestes a fazer algo que eu jamais quis fazer, jamais precisei fazer, jamais fiz e jamais farei. O narrador anuncia orgulhosamente: "Você já enviou a alguém um fax... da praia? Você vai. E a empresa que vai tornar isso possível é a AT&T."

EXPLORAÇÕES & DESCOBERTAS | 59

Só mais uma coisa. Entre 1960 e 1990, construímos o foguete espacial mais potente já lançado e com ele viajamos nove vezes até a Lua. E lá orbitamos, pousamos, caminhamos, saltamos, jogamos golfe e dirigimos três bugres elétricos por seu terreno arenoso e empoeirado. Também desenvolvemos o ônibus espacial reutilizável e destinamos verbas para a construção de uma estação espacial internacional orbital do tamanho de um campo de futebol. Perdão, foram três coisas.

A vida cotidiana em 1990 seria irreconhecível para alguém de 1960 que fosse transportado para o futuro.

Entre 1990 e 2020, mapeamos o genoma humano. Os computadores se tornam portáteis — pequenos o suficiente para serem carregados em mochilas. A World Wide Web, inventada em 1989 pelo cientista da computação Tim Berners-Lee, na Organização Suíço-Europeia para Pesquisa Nuclear (CERN), na Suíça, se torna onipresente nos anos 1990. Por volta do ano 2000, sites de buscas e vendas online já são comuns e qualquer pessoa com um computador e acesso à internet pode ter um endereço de e-mail. No início desse período, os telefones celulares já haviam se tornado padrão para qualquer pessoa que saísse de casa, mas, a partir de 2007, são rapidamente substituídos pelos smartphones que cabem no bolso e proporcionam acesso ilimitado a músicas, mídia e internet. Os smartphones agregam ainda inúmeras utilidades que melhoram a vida cotidiana, incluindo uma câmera que registra fotos e vídeos em alta qualidade. Ah, e ainda faz chamadas telefônicas. O smartphone talvez seja a maior invenção na história das invenções. Em 2020, havia 3 bilhões desses aparelhos num mundo com 8 bilhões de pessoas. Antes de 2007, havia zero. Se mostrássemos um smartphone a alguém em 1990, talvez as leis de caça às bruxas fossem ressuscitadas para erradicar sua magia.

Em 1996, o Sistema de Posicionamento Global (GPS), uma ferramenta de navegação criada exclusivamente pelas forças armadas dos EUA para fins de segurança nacional, é aberto formalmente para interesses comerciais. Nesse momento, o presidente Bill Clinton promulga uma diretriz política declarando o GPS como um sistema para uso civil e militar. As ferramentas de navegação são então rapidamente comercializadas para os mais diversos fins, desde rastreamento de entregas a solicitação de serviços de transporte privado, e até a escolha de um parceiro sexual, de interesse mútuo, num raio de alguns quarteirões da sua localização. Nos anos 2000, as plataformas de mídia social mudam o panorama de comunicação de famílias, amigos e, principalmente, da política. Podemos agora viajar pelos EUA em um carro elétrico, recarregando-o em um dos 40 mil pontos de recarga ao longo do caminho, ao mesmo tempo que vislumbramos o surgimento dos carros elétricos autônomos. E mais: as videolocadoras, antes preponderantes entre as demais lojas, acabaram. CDs e DVDs surgiram e sumiram. Os computadores já estão inteligentes o bastante para vencer todos os humanos em jogos de tabuleiro de xadrez, no Go, no programa de TV *Jeopardy!* e em praticamente qualquer outra coisa

EXPLORAÇÕES & DESCOBERTAS | 61

que requeira o poder do cérebro. E esta frase, com sentido claro e presente em 2020...

Dá um Google aí para ver se tem um vídeo selfie de smartphone postado no YouTube em 4k que viralizou.

... está carregada de termos misteriosos e verbos sem sentido algum para alguém de 1990.

Sabemos que estamos vivendo no futuro quando podemos subir a bordo de um tubo de alumínio pressurizado e com asas, pesando cem toneladas, voar suavemente numa cadeira acolchoada a 800 quilômetros por hora e a 10 mil metros acima da superfície da Terra e, enquanto sobrevoamos o continente, saborear um jantar de massas e tomar um drinque, ambos servidos por alguém cujo trabalho é, em parte, garantir o nosso conforto. E, durante a maior parte da viagem, podemos navegar pela internet, assistir a um dos mais de cem filmes disponíveis, e pousar tranquilamente e com segurança algumas horas mais tarde, reclamando que o molho de tomate não estava do nosso agrado.

Com essa sequência de avanços sociais, não é de admirar que em alguns lugares a sabedoria dos anciãos tenha apenas um peso marginal, o que explicaria em grande parte a tensão que agita os jantares multigeracionais das festas de fim de ano. Os conselhos deles acabam ficando previsivelmente defasados quanto a qual carreira na faculdade você deveria seguir, que empregos deveria procurar, que carros deveria comprar, que remédios deveria tomar, que piadas deveria contar e quais alimentos deveria comer. A menos que você more em uma das cobiçadas "Zonas Azuis" do mundo, onde as pessoas vivem rotineiramente até os cem anos. Nesse caso, sim, faça tudo o que os anciãos disserem para você fazer, principalmente porque eles (provavelmente) não vivem em cavernas. De qualquer forma, seus anciãos podem ter mais sabedoria do que você por saberem navegar pelos sentimentos humanos, como o amor, a bondade, a integridade e a honra, que permanecem sendo algumas das poucas constantes do mundo.

Hoje fervilham previsões desenfreadas sobre o que podemos esperar para meados deste século — o ano de 2050. Se as coisas continuarem como nos últimos 150 anos, podemos garantir que todas estarão equivocadas. Talvez isso seja bom, porque hoje as previsões são, em sua maioria, sombrias. Muitos preveem um apocalipse das mudanças climáticas. Alguns temem uma catástrofe de vírus com letalidade muito maior que as 6 milhões de mortes causadas pela pandemia de covid-19 de 2020. Outros temem que a inteligência artificial escape de sua caixa virtual e, por fim, se torne nosso senhor supremo. Na TV e nos filmes, o apocalipse zumbi parece real. Um fã perguntou uma vez ao autor de ficção científica do século XX Ray Bradbury por que ele imaginava um futuro tão sombrio. A civilização estaria condenada? Ele respondeu: "Não. Eu escrevo sobre esses futuros para que saibamos evitá-los."[13]

Portanto, quando alguém sugere ou declara que tem alguma ideia de como será o mundo no ano 2050 — trinta anos a partir de 2020 —, eu reflito sobre nossa lista de

EXPLORAÇÕES & DESCOBERTAS | 63

questões humanas em janelas de trinta anos. Não há nada de linear nisso. O rio de descobertas no mundo natural cresce exponencialmente, alimentado por afluentes emergentes de insight e conhecimento, seguramente capaz de deixar qualquer futurista constrangido. Mas isso não vai me impedir de tentar — com o alerta de que, quando vi pela primeira vez a série de TV *Star Trek* nos anos 1960, abracei completamente um futuro com viagens através de dobra espacial, canhões de fótons, *phasers*, transportadores e alienígenas, mas me lembro muito bem de ter pensado: "Não, não tem como uma porta saber que precisa abrir quando estamos nos aproximando." Então chegou minha vez de fazer papel de bobo do futuro:

Lá pelo ano 2050...

- A neurociência e a nossa compreensão da mente humana avançarão tanto que doenças mentais serão curadas, deixando os psicólogos e os psiquiatras desempregados.

- Numa virada similar à rápida mudança de cavalos para automóveis ocorrida no início do século XX, os veículos autônomos irão substituir completamente todos os carros e caminhões nas estradas. E, quando nos sentirmos nostálgicos com os nossos carros esportivos movidos a combustão, poderemos dirigi-los em pistas projetadas especialmente para esse fim, como acontece hoje com os estábulos para equitação.

- O programa espacial humano irá migrar completamente para uma indústria espacial financiada não mais por impostos, mas pelo turismo e por tudo mais que as pessoas sonharem em fazer no espaço.

- Desenvolveremos o soro antiviral perfeito e encontraremos a cura do câncer.

- Os medicamentos se adaptarão ao nosso próprio DNA, evitando quaisquer efeitos colaterais adversos.

- Resistiremos à tentação de fundir a eletrônica dos nossos computadores à eletrônica dos nossos cérebros.

- Aprenderemos a regenerar membros amputados e órgãos em falência, o que nos deixará no mesmo nível de outros animais capazes de autorregeneração, como salamandras, estrelas-do-mar e lagostas.

- Em vez de se tornar nosso senhor supremo e nos escravizar, a inteligência artificial será simplesmente mais um serviço útil da infraestrutura tecnológica que nos atenderá na vida cotidiana.

O que impulsiona tudo isso? Quando pensamos na civilização, nós geralmente refletimos sobre como a engenharia e a tecnologia mudaram as nossas vidas. Se você se aprofundar um pouco mais, encontrará descobertas

EXPLORAÇÕES & DESCOBERTAS | 65

científicas em andamento que permitem e viabilizam esse progresso. Os avanços da termodinâmica no século XIX deram aos engenheiros o conhecimento necessário sobre energia e calor para projetar e aperfeiçoar suas máquinas. Por volta da mesma época, descobertas no eletromagnetismo fundamentaram todas as concepções sobre como criar e distribuir energia elétrica. A teoria da relatividade de Einstein, publicada em 1905 e 1915, proporcionaria, no fim das contas, a precisão de que os satélites de GPS necessitam, além de outras incontáveis revelações extraordinárias sobre nosso Universo, desde como o Sol gera energia até o próprio Big Bang. A mecânica quântica dos anos 1920 se tornou o terreno sobre o qual toda a eletrônica moderna se basearia, principalmente na criação, no armazenamento e na recuperação de informações digitais. A ciência dos materiais, um empreendimento em andamento que explora novas ligas, compostos e texturas de superfícies, transformou tudo o que vemos, tocamos, vestimos e usamos em nosso mundo industrializado. Cada uma dessas áreas representa ramos inteiros das ciências físicas com descobertas relatadas por cientistas em artigos de pesquisa que outrora preenchiam as páginas dos periódicos armazenados em prateleiras, e agora aparecem na internet — que você não tinha nos anos 1990.

Sim, vivemos numa época especial, simplesmente porque tudo é especial, o que me faz lembrar deste verso de Eclesiastes, frequentemente citado, apesar de conter uma visão limitada, e escrito milhares de anos atrás:[14]

O que foi, isso é o que há de ser; e o que se fez, isso se fará;
e não há nada de novo sob o Sol.

Só é possível conceber tal frase numa era pré-científica — antes até de as exponenciais terem sido imaginadas e antes que qualquer um saísse da escuridão das cavernas para explorar. Atualmente, tudo é novo sob o Sol — e a Lua e as estrelas. A única coisa que não muda é a própria taxa de exponencial de mudança.

TRÊS

TERRA & LUA

Perspectivas cósmicas

Vinte e sete astronautas, por meio dos poderosos foguetes *Saturno V* do programa Apollo, deixaram a Terra em direção à Lua — a quase 400 mil quilômetros de distância. À exceção daqueles poucos que consertaram o Telescópio Espacial Hubble e de algumas missões turísticas da SpaceX, os outros quinhentos astronautas que já orbitaram a Terra não foram muito além de 400 quilômetros acima do nível do mar. Uma distância que rivaliza com a de Paris a Londres. Ou de Islamabad a Cabul. Ou de Kyoto a Tóquio. Ou de Cairo a Jerusalém. Ou de Daegu a Pyongyang. Um americano que não seja muito bom em geografia diria que é ligeiramente maior que a distância de Nova York a Washington, D.C. Da próxima vez que você segurar um daqueles globos terrestres escolares, dê uma olhada nas distâncias entre qualquer um desses pares de cidades. Elas ficam aproximadamente a um centímetro uma da outra. O que significa que o que temos chamado de "viagem espacial" por todos esses anos tem sido em referência a astronautas orbitando a cerca de um centímetro acima do globo terrestre escolar, indo corajosamente aonde centenas já foram, a uma distância que poderia ser percorrida de carro em menos de quatro horas, se dirigíssemos para cima e obedecêssemos aos limites de velocidade terrestres.

Apesar de minhas duras críticas a viagens à baixa órbita terrestre, subir mesmo a essa modesta distância pode oferecer perspectivas esclarecedoras. Sem a ajuda de binóculos ou câmeras de alta resolução, muito pouco da civilização humana é reconhecível de órbita. Sim, as luzes noturnas das cidades podem ser impressionantes do alto, porém não mais impressionantes do que quando vistas de um avião. Não, não conseguiremos ver a Grande Muralha da China, nem o sistema de rodovias interestaduais americano, que é mais extenso que a Grande Muralha, que dirá a Represa Hoover e a Grande Pirâmide do Egito. A resolução da combinação cérebro–olho humano é de cerca de um minuto de arco. A tão falada tela de "retina" da Apple foi uma tentativa bem-sucedida de criar pixels menores do que o que nossos olhos conseguem captar — menores do que um minuto de arco em nosso campo de visão, na distância que costumamos ficar da tela. Com essa resolução, o sistema cérebro-olho não identifica os pixels, o que proporciona uma clareza e nitidez sem precedentes às imagens. Com uma visão 20/20, seria o equivalente ao tamanho de uma noz na extremidade oposta de um campo de futebol. O Telescópio Hubble, que tem uma visão melhor que 20/20 e que possui versões militares de si mesmo olhando para baixo em vez de para cima, consegue distinguir uma noz a uma distância de 160 quilômetros.

Com apenas uma ou duas estruturas construídas por humanos visíveis da órbita da Terra, tudo mais que nos divide — fronteiras, política, línguas, cor da pele, crenças religiosas — fica invisível aos nossos olhos. Os países codificados por cores pintadas em nossos mapas são fortes lembretes de quem são os outros, nos ajudando, assim, a identificar nossos aliados, bem como nossos inimigos. O astronauta Mike Massimino, um engenheiro cujas missões no ônibus espacial incluíam fazer a manutenção do Telescópio Espacial Hubble, descreve de forma comovente em suas memórias sobre como é observar a Terra do espaço.[1]

> *O que passou pela minha cabeça durante minha caminhada espacial, quando olhei para a Terra lá embaixo, foi que aquela devia ser a vista do Paraíso. Em seguida, esse pensamento foi substituído por outro: "Não, é assim que o Paraíso deve ser."*

Mike fica com os olhos marejados toda vez que compartilha essa experiência. Ele foi um pouco mais acima do que a Estação Espacial Internacional. A órbita do Hubble é de 550 quilômetros da superfície terrestre, o que o levou a 1,3 centímetro do globo escolar. No entanto, Mike estava distante o suficiente para que a Terra se revelasse através das lentes do Universo e não através das lentes da geopolítica — o efeito perspectiva com toda a sua força. Quantos na Terra, dentre os que são oprimidos, ou que estão em guerra com seus vizinhos, ou com fome, poderiam imaginar a própria Terra como o Paraíso? Adquirir essa perspectiva em órbita e retornar à Terra mudam a sua relação com o planeta e com seus companheiros humanos.

Acontece que existem duas regiões do mundo onde conseguimos identificar fronteiras nacionais quando vistas do espaço, como se tivessem sido desenhadas por cartógrafos. Em uma área, campos verdes, e no outro lado de uma fronteira bem nítida, um deserto marrom. Em outra área, a paisagem noturna flameja com luzes urbanas, mas ainda no outro lado de uma fronteira nítida, as profundezas da escuridão. Isso pode acontecer naturalmente numa cadeia de montanhas ou outra barreira natural extensa. Aqui, não. Essas delimitações são nítidas e finas. Elas revelam recursos divididos de forma desigual através das fronteiras, onde um lado controla sua paisagem e o outro lado, não.

O que está acontecendo?

A fronteira irrigada/desértica fica no Oriente Médio, entre Israel e a Faixa de Gaza e entre Israel e grandes faixas da Cisjordânia — regiões de tensões políticas incessantes. O PIB per capita de Israel é doze vezes maior que o da Palestina.[2]

A fronteira clara/escura fica na Ásia Oriental, entre a Coreia do Sul (República da Coreia) e a Coreia do Norte (República Popular Democrática da Coreia). O PIB per capita da Coreia do Sul é 25 vezes maior que o da Coreia do Norte. Outra região de tensões políticas persistentes.

Essas diferenças visuais gritantes vistas de cima não precisam ser necessariamente fronteiras de geopolíticas desiguais. Elas podem também delinear áreas de subjugação. Em 1992, durante a minha primeira de muitas visitas à África do Sul — dois anos antes de Nelson Mandela ser eleito presidente —, viajei até Joanesburgo à noite e percebi durante o longo trajeto até a cidade uma vasta área circunscrita por fronteiras nítidas e sem nenhuma iluminação. Era claramente um lago. É assim que os lagos parecem quando vistos de um avião à noite. Ao retornar para casa uma semana depois, voando em plena luz do dia e com o solo completamente iluminado, o que eu tinha visto não era um lago. Era a maior parte de Soweto, uma favela de Joanesburgo, povoada por pessoas negras, sem nenhuma eletricidade. Nenhuma iluminação à noite ou a qualquer outra hora do dia. Nenhum eletrodoméstico. Nenhuma geladeira. Posso ter conhecimento intelectual sobre tudo isso por ter lido a respeito, mas ao confrontar esse cenário do alto, deixando os detalhes de lado, não vejo a política, a história, as cores de pele, as línguas, a intolerância, o racismo e os protestos. Eu fico atormentado por um pensamento mais simples de que, enquanto espécie, talvez não tenhamos a maturidade ou a sabedoria que o futuro requer para garantir a sobrevivência da civilização.

* * *

Vamos subir um pouco mais. Na verdade, vamos direto para a Lua. Aqui vai uma brincadeira compartilhada ocasionalmente entre os entusiastas espaciais:

Se Deus quisesse que tivéssemos um programa espacial,
teria dado uma Lua à Terra.

Um comentário invertidamente perspicaz sobre o que estimula a exploração espacial. Observe que Vênus, nosso planeta vizinho mais próximo, não possui lua. Marte, nosso segundo vizinho, tem Fobos e Deimos, dois projetos de lua. Ambas têm o formato de uma batata-inglesa e são minúsculas o suficiente para caber no território da maioria das cidades. Nossa Lua, por outro lado, é 50% maior que Plutão e a quinta maior do sistema solar. Ou seja, a Terra teve muita sorte na loteria das luas — contemplada com o destino dos sonhos de exploradores intrépidos.

Se o ônibus espacial e a Estação Espacial Internacional orbitam a uma altura de 1 a 1,3 centímetro acima da superfície do globo terrestre escolar, a Lua vai ser encontrada na sala ao lado, a uma distância de 10 metros. É por isso que leva apenas oito minutos para um foguete alcançar a órbita terrestre, mas três dias inteiros para os foguetes Apollo chegarem à Lua.

A foto seminal do planeta Terra nascendo no horizonte lunar — que você já deve conhecer — chegou em dezembro de 1968 pela *Apollo 8*, a primeira missão a sair da nossa casa para outro destino. Lá do espaço profundo a Terra se desnuda. Como o cosmos deseja que a vejamos: uma frágil justaposição de terra, oceanos e nuvens; isolada e à deriva no vazio do espaço, sem nenhuma indicação de que alguém ou alguma coisa esteja a caminho para nos salvar de nós mesmos. Esse panorama está alguns níveis acima do efeito perspectiva e representa os verdadeiros primórdios de uma perspectiva cósmica.

A Terra, vista no céu lunar, é quase 14 vezes maior do que a Lua, vista no céu terrestre. A Terra também reflete a luz cerca de 2,5 vezes mais que a Lua, ainda que esse valor varie de tempos em tempos com a cobertura das nuvens. Portanto, a Terra cheia, vista da Lua, é cerca de 35 vezes mais brilhante do que a Lua cheia, vista da Terra. E, ao contrário do que sugere a foto do nascer da Terra feita pela NASA, tirada do módulo de comando da *Apollo 8* em órbita, a Terra nunca nasce ou se põe na Lua. Vista do lado mais próximo da Lua, a Terra jamais sai do céu. Já do lado mais distante da Lua, jamais saberíamos que a Terra existe.

A *Apollo 8* não pousou na Lua, o que a fez cair no esquecimento, sob a sombra da *Apollo 11* e seus tripulantes Neil Armstrong, Buzz Aldrin e Michael Collins. A *Apollo 8*, por sua vez, "apenas" orbitou a Lua dez vezes antes de retornar. Mesmo assim, ninguém jamais havia visto a Terra tão distante. Essa missão, do lançamento ao mergulho, durou de 21 a 27 de dezembro, encerrando o ano mais sangrento da década mais turbulenta dos EUA desde a Guerra Civil, um século antes. Durante a Guerra do Vietnã, morreram mais americanos e vietnamitas em 1968 do que em qualquer outro ano. Foi quando aconteceram a Ofensiva do Tet, em fevereiro, e o infame massacre de Mỹ Lai, em março. Somado a tudo isso, houve ainda os assassinatos de Martin Luther King Jr., em abril, e de Bobby Kennedy, em junho, seguidos de vários protestos violentos em cidades e em *campi* universitários.

Alguns dizem que a *Apollo 8* salvou o ano de 1968.[3] Eu prefiro dizer que a *Apollo 8* o resgatou.

Percebam que a jornada da *Apollo 8* incluiu o feriado natalino. Na véspera de Natal, enquanto ainda estavam em órbita da Lua, os três astronautas — Bill Anders, James Lovell e Frank Borman — se revezaram na leitura dos dez primeiros versos do livro do Gênesis na versão da Bíblia do rei Jaime. Algumas destas linhas podem ser familiares a você, senão todas.

Anders começou...

Estamos agora nos aproximando do nascer do Sol lunar e, para todas as pessoas na Terra, nós da tripulação da Apollo 8 temos uma mensagem que gostaríamos de enviar a vocês.

NO PRINCÍPIO, DEUS CRIOU OS CÉUS E A TERRA.

E A TERRA ERA SEM FORMA E VAZIA; E HAVIA TREVAS SOBRE A FACE DO ABISMO; E O ESPÍRITO DE DEUS SE MOVIA SOBRE A FACE DAS ÁGUAS.

E DEUS DISSE: HAJA LUZ; E HOUVE LUZ.

E DEUS VIU QUE A LUZ ERA BOA; E DEUS FEZ A SEPA-RAÇÃO ENTRE A LUZ E AS TREVAS.

Lovell continuou...

E DEUS CHAMOU À LUZ DIA; E ÀS TREVAS CHAMOU NOITE.

PASSARAM-SE A TARDE E A MANHÃ, ESSE FOI O PRIMEIRO DIA.

E DEUS DISSE: HAJA ENTRE AS ÁGUAS UM FIRMAMENTO QUE SEPARE AS ÁGUAS DAS ÁGUAS.

ENTÃO DEUS FEZ O FIRMAMENTO E SEPAROU AS ÁGUAS QUE FICARAM ABAIXO DO FIRMAMENTO DAS QUE FICARAM ACIMA. E ASSIM FOI.

AO FIRMAMENTO, DEUS CHAMOU CÉU. PASSARAM-SE A TARDE E A MANHÃ; ESSE FOI O SEGUNDO DIA.

Borman concluiu...

E DEUS DISSE: AJUNTEM-SE NUM SÓ LUGAR AS ÁGUAS QUE ESTÃO DEBAIXO DO CÉU, E APAREÇA A PARTE SECA. E ASSIM FOI.

À PARTE SECA DEUS CHAMOU TERRA, E CHAMOU MA-RES AO CONJUNTO DAS ÁGUAS. E DEUS VIU QUE ERA BOM.

E, da tripulação da Apollo 8, encerramos com um boa-noite, uma boa sorte e um feliz natal — e que deus abençoe a todos, todos vocês na boa terra.

A perspectiva cósmica pode causar isso em você, sobretudo se for uma pessoa religiosa. Aqui na Terra, em resposta a essa leitura bíblica enviada da Lua, a famosa ateísta Madalyn Murray O'Hair, fundadora da inflamada organização Ateus Americanos, processou o governo federal, acusando-o de violar a Primeira Emenda — no trecho que diz: "O congresso não criará qualquer lei referente ao estabelecimento de uma religião." O processo foi indeferido em todas as instâncias jurídicas a que foi levado. Sem qualquer conhecimento legal, eu não me considero capaz de comentar sobre a legitimidade do processo dela, mas tenho opiniões sobre a existência do processo propriamente dito. Na época eu tinha apenas dez anos de idade, mas, se o meu eu de hoje encontrasse a Madalyn de então, a conversa seria assim:

Neil: Você foi amarrada a um foguete *Saturno V*, com 4 mil toneladas de empuxo e enviada por 400 mil quilômetros no espaço profundo para testemunhar o nascer da Terra da órbita lunar na véspera de Natal?

Madalyn: Não.

Neil: Então cale a boca.

Naquela que foi a primeira de nove missões, nosso objetivo era explorar a Lua, mas, no processo, pudemos olhar para trás e descobrir a Terra pela primeira vez. Após a foto do nascer da Terra ter circulado, as pessoas mudaram. Passou-se a dar mais importância ao planeta Terra. Se nossos rios ou lagos fossem poluídos por resíduos de fábricas, ficávamos furiosos e tentávamos fazer algo a respeito. Mas imaginar a Terra inteira como um ecossistema holístico, e não apenas nossa seção dela, ainda não havia se tornado uma prioridade, ou sequer uma ideia.

Nos EUA, sementes importantes haviam sido plantadas já em 1872, com o Congresso designando o Yellowstone de Wyoming como o primeiro parque nacional, seguido pela Lei das Antiguidades de 1906, promulgada pelo presidente Teddy Roosevelt, para preservar monumentos naturais e históricos, e o Serviço de Parques Nacionais de 1916, instituído pelo presidente Woodrow Wilson. Mais tarde, temos a publicação do best-seller *Primavera silenciosa*, em 1962, da bióloga marinha Rachel Carson, um alerta para as consequências do uso desenfreado dos pesticidas na agricultura, em especial para o impacto ambiental do diclorodifeniltricloretano, mais comumente abreviado como DDT. O conteúdo e o sucesso do livro levaram o presidente John Kennedy a pedir que seu comitê de aconselhamento científico estudasse o problema. E, no início de 1969, houve um derramamento de óleo terrível, com cerca de 16 mil metros cúbicos de óleo poluindo as águas e praias do rico condado de Santa Bárbara,[4] na Califórnia.

Em 1970, já estávamos prontos e dispostos a salvar o planeta.

A série completa das nove missões lunares Apollo aconteceu de dezembro de 1968 a dezembro de 1972. Durante esse período, os EUA ainda travavam uma Guerra Fria contra a URSS e uma guerra quente no Vietnã. Os protestos universitários continuaram e culminaram com o tiroteio da Universidade Estadual de Kent, em 1970, em que manifestantes antiguerra desarmados foram alvejados pela Guarda Nacional de Ohio, que feriram nove e mataram quatro estudantes.[5] Havia certamente muitos problemas urgentes a serem resolvidos. Ainda assim, fizemos uma pausa para refletir sobre nosso relacionamento com a Terra.

Eis a seguir uma lista de ações com agilidade, alcance e objetivo sem precedentes, todas ocorridas entre 1968 e 1973, muito antes de legislações equivalentes passarem em outras nações industrializadas do mundo.

Apollo 11 (primeira caminhada na Lua)	1969
A abrangente Lei do Ar Limpo	1970 (versões anteriores: 1963, 1967)
Primeiro Dia Nacional da Terra	1970
Administração Oceânica e Atmosférica Nacional (NOAA) formada	1970
Publicação do *Catálogo da Terra Inteira*	1968-1972 (desde então, publicado esporadicamente)
Agência de Proteção Ambiental dos EUA (EPA) formada	1970

Comercial de TV de utilidade pública com indígena chorando	1971
Médicos Sem Fronteiras é fundado em Paris	1971
Proibição do DDT	1972
Lei da Água Limpa	1972
Apollo 17 (última missão à Lua)	1972
Lei de Espécies Ameaçadas	1973 (versões anteriores: 1966, 1969)
Primeiro conversor catalítico para carros	1973
Primeiros padrões de emissão para gasolina sem chumbo	1973

Algumas observações: a imagem do indígena chorando foi um apelo emocional para não se jogar lixo pela janela dos carros e se tornou um dos anúncios de utilidade pública mais reconhecidos da época, ainda que o ator vestindo os trajes típicos de um nativo norte-americano e derramando uma lágrima fosse na verdade de ascendência italiana. Eu incluí a fundação da organização humanitária Médicos Sem Fronteiras com base na suposição de que, sem a imagem da Terra vista do espaço, o conceito de "sem fronteiras" poderia não ter surgido, e talvez a chamassem de médicos "internacionais", ou médicos "cruzando fronteiras". É só uma reflexão. Da mesma forma, a página histórica oficial do Dia da Terra[6] não faz qualquer menção à *Apollo* ou a imagens da Terra vista do espaço, declarando apenas que o livro de 1962 de

Rachel Carson foi o que promoveu a celebração inaugural da Terra em 1970. Enquanto isso, imagens da Terra vista do espaço se tornaram o símbolo inspirador e duradouro do *Catálogo da Terra Inteira* e uma bandeira não oficial do Dia da Terra[7], trazendo a imagem da Terra cheia tirada pela *Apollo 17* em seu retorno da Lua em dezembro de 1972.

Nunca é possível saber com certeza as causas e os efeitos sutis ou não tão sutis das ações humanas. Na minha visão compreensivelmente tendenciosa, o movimento Eu Me Importo Com a Terra poderia ter acontecido, em princípio, em 1950 ou 1960. O meio ambiente não era menos problemático na época. Por exemplo, a poluição do ar na bacia de Los Angeles, em razão do aumento do número de automóveis combinado a inversões térmicas infelizes causadas pela geografia local, tornou Los Angeles uma das cidades mais poluídas da Terra[8] entre os anos 1940 e 1950. Ou poderia ter acontecido enquanto o livro de Rachel Carson ainda estava na lista dos mais vendidos do *New York Times*, onde permaneceu por 31 semanas, de 1962 a 1963. Isso teria sido o ideal, mas o presidente Kennedy foi assassinado em 1963 e Carson infelizmente morreu de câncer em 1964. Entre 1963 e 1969, um total de quatro relatórios governamentais abrangendo três presidentes seria apresentado, cada um explorando os efeitos dos pesticidas nas plantações e na saúde humana e reivindicando a descontinuidade gradual do DDT.[9] Ainda assim, nenhuma medida legislativa foi tomada nesse período. Antes do derramamento de óleo de Santa Bárbara em 1969, outros dois ocorreram entre dezembro de 1962 e janeiro de 1963, afetando as margens dos rios Mississippi e Minnesota.[10] Mesmo assim, estávamos distraídos com outras coisas. A consciência ambiental em massa poderia ter esperado até 1975, após o fim da Guerra do Vietnã. Ou até 1990, depois da queda do Muro de Berlim. Não. Tudo aconteceu bem no meio das nossas missões Apollo à Lua — enquanto um mensageiro sideral descia suavemente do espaço, infundindo em todos nós uma verdadeira atualização de *firmware* da nossa capacidade coletiva de nos importarmos.

* * *

Além de servir como nosso primeiro destino espacial, a Lua tem um valor extraordinário nas culturas ao redor do mundo. O ciclo das fases lunares é a referência para a contagem do tempo nos calendários chinês, islâmico e hebraico. Além disso, luas cheias nascem ao pôr do Sol e se põem ao nascer do Sol, e, por causa das leis físicas de reflexão da luz, isso as torna seis vezes (!) mais brilhantes que as meias-luas, com uma iluminação que serve de excelente guia à noite. A Lua também alimenta as nossas superstições, sendo a ela atribuída, por alguns, a capacidade de exercer poderes misteriosos que influenciam o comportamento humano, principalmente durante a Lua cheia.

A arte da indagação representa uma dimensão importante na alfabetização científica. Como pensamos e como questionamos a natureza são coisas que importam mais do que nós imaginamos. Com frequência, as respostas se revelam simplesmente ao se fazer a pergunta certa na ordem certa.

Todos sabem que a Lua cheia transforma alguns de nós em lobisomens, mas por que isso não acontece quando estamos no porão ou quando o céu está completamente nublado? O fato de não conseguirmos ver a Lua através das nuvens não significa que ela não esteja lá. Então talvez seja a luz a responsável pela conversão de nosso perfil genético no de um canídeo selvagem. Deixando de lado a implausibilidade biológica e fisiológica dessa afirmação, você sabia que a luz da Lua é simplesmente a luz do Sol refletida? Analise o espectro da luz da Lua e verá que é idêntico ao da luz do Sol. (Um fato que demonstrei quando estava na 8ª série, no meu projeto para a feira de ciências, usando um espectroscópio que construí do zero. Fiquei em segundo lugar.) Se a Lua nos transforma em lobisomens durante a noite, então o Sol também deveria, durante o dia.

Algumas pessoas acreditam que mais bebês nascem na Lua cheia do que em qualquer outra fase. Acontece que não há evidências estatísticas que sustentem essa afirmação, apenas incidentais, e a Lua cheia não exerce nenhuma gravidade extra na Terra (ou em nós) em relação às suas outras fases. Vamos fingir que desconhecemos esses fatos. Por ora, estamos apenas formulando perguntas. A mesa do parto estava virada para a Lua cheia no céu quando o bebê nasceu? Se estava, talvez a Lua tenha ajudado a puxar o bebê do útero. Presume-se que as mesas de parto sejam colocadas em posições aleatórias nos centros cirúrgicos das maternidades. É de esperar, então, que algumas dessas mesas estejam viradas no sentido oposto à Lua cheia durante o parto. Nesses casos, qualquer gravidade extra proveniente da Lua cheia iria puxar na direção oposta, mantendo o bebê dentro do útero da mãe, atrasando o parto em vez de acelerá-lo.

Se não a gravidade, então talvez alguma outra força misteriosa estivesse em ação. Que tal algo que os métodos e as ferramentas da ciência ainda não tenham descoberto? Ciência nova é sempre algo divertido, e geralmente rende prêmios Nobel por toda parte, mas não vamos nos precipitar. Ainda estamos apenas formulando perguntas. Qual é o tempo de gestação do ser humano? Os médicos dirão 280 dias (ou 40 semanas), o que não é inteiramente verdade. Este é o número de dias desde a última menstruação. Dificilmente alguém fica grávida nesse momento. Você provavelmente engravidou durante a ovulação, duas semanas depois. Portanto, o tempo necessário para se formar um bebê humano nascido a termo é, na verdade, de 280 dias – 14 dias = 266 dias. Vamos agora perguntar o tempo necessário para a Lua completar o ciclo de suas fases — de Lua cheia a Lua cheia. Pode procurar a resposta: a média é de 29,53 dias. Nove desses ciclos somam 266 dias. Isso é interessante. Um bebê nascido a termo leva nove ciclos lunares para se desenvolver dentro do útero. Assim, nascer sob a Lua cheia, por mais romântico que seja, significa apenas ter sido concebido sob a Lua cheia, por mais romântico que tenha sido. Não há a necessidade de apelarmos para uma nova física, forças misteriosas ou eventos sobrenaturais para explicar o não resultado. A investigação racional nos fez chegar lá.

A Lua afeta as águas na Terra, com marés oceânicas particularmente altas durante a Lua cheia. Os biólogos nos dizem que nosso corpo é, em sua maior parte, constituído por água, assim como os oceanos. Certamente, então, as forças de maré da Lua cheia nos afetam de alguma maneira, quando não para nos transformar em lunáticos. No sistema Terra–Lua, o lado da Terra voltado para a Lua está mais próximo, de modo que ali se sente a atração da gravidade lunar um pouco mais forte do que no lado oposto. Isso cria uma força tensora através do diâmetro da Terra que é mais visível nas marés oceânicas, mas que também afeta a parte sólida da Terra. Note que essa descrição das marés lunares na Terra não faz qualquer menção às suas fases. Isso porque a força das marés lunares não tem nada a ver com as fases da Lua. Luas cheias geram as marés mais altas não por causa da Lua, mas por causa do Sol. As marés solares na Terra possuem cerca de um terço da intensidade das marés lunares, mesmo que quase ninguém fale sobre isso. Durante a Lua cheia, as marés altas solares se somam às marés altas lunares, dando a falsa impressão de que a Lua cheia produz uma influência gravitacional extra. Além do mais, qualquer que seja a influência gravitacional falsa que atribuamos à Lua cheia, deveríamos atribuir a mesma influência à Lua nova, porque nesse período as marés solares também se alinham perfeitamente às lunares.

Pensando de outra forma: como a força da maré lunar agindo no diâmetro da nossa cabeça se compara à força da maré lunar agindo no diâmetro da Terra? Assim como a Terra, a todo momento há um lado da nossa cabeça que está mais próximo da Lua, sentindo a ação da gravidade um pouco mais forte do que o outro lado. Agora imaginemos que nossa cachola seja uma simples esfera de vinte centímetros de diâmetro de água dos oceanos. Quanta distorção produzida pelas forças da maré lunar poderíamos esperar? Quando se faz a conta, o resultado é de um décimo de milésimo de milímetro. Isso é consideravelmente menor que a deformação causada em nosso crânio pelo peso da própria cabeça, cuja massa é de cerca de 5 quilos, ao dormirmos apoiando-a em um travesseiro à noite. Ainda assim, ninguém escreve histórias licantrópicas sobre qual marca de travesseiro usar ou sobre a largura que nossa cabeça pode ter. Se esse exemplo for abstrato demais, imagine-se colocando sua cabeça em um torno e pedindo a um amigo que o aperte a uma força equivalente a 5 quilos — toda noite.

* * *

Uma das recompensas por termos ido bem na loteria das luas é que o Sol é 400 vezes maior que a Lua e está cerca de 400 vezes mais distante. Essa pura coincidência faz com que ambos — o Sol e a Lua — tenham aproximadamente o mesmo tamanho no céu, possibilitando a ocorrência de eclipses solares espetaculares. Não foi sempre assim nem será sempre assim no futuro distante. A Lua está espiralando para longe da Terra a uma taxa de cerca de 4 centímetros por ano. Então vamos aproveitar esse casamento feito nos céus enquanto ainda podemos. De tempos em tempos, a Lua passa pelo ponto exato entre a Terra e o Sol, encobrindo perfeitamente o Sol, escurecendo os céus e desnudando brevemente sua belíssima atmosfera exterior, chamada de corona solar. Nenhuma outra combinação de planeta–lua no sistema solar se compara a essa.

Os eclipses encabeçam uma longa lista de fenômenos celestes que nos atraem e nos envolvem de modo irresistível. A ideia de que o Sol, a Lua, os planetas e as estrelas nos afetam pessoalmente é chamada de astrologia e é bastante antiga. Alguns a chamam de segunda profissão mais antiga. Como poderíamos pensar diferente se observamos o céu girar ao nosso redor diariamente? Por exemplo, algumas constelações nascem antes do alvorecer todo outono, exatamente quando as nossas plantações estão prontas para a colheita. Evidência clara de que a cúpula celeste inteira, dia e noite, cuida carinhosamente dos nossos desejos e necessidades.

Nessa visão, o céu também pressagia eventos que nós, nossas culturas e nossas religiões podem desejar ou temer. Há alguns anos recebi um telefonema no meu escritório no Planetário Hayden de uma mulher que estava vasculhando os objetos pessoais de seu falecido pai e encontrou um diário de um antepassado longínquo — um colono da Nova Inglaterra que descrevia a migração de sua família em uma carroça coberta para um novo lar. O diário descreve, de forma inquietante, o rápido escurecimento dos céus ao meio-dia. O patriarca da família estava com muito medo de que, sem qualquer aviso, o sexto selo tivesse sido aberto e que a profecia bíblica do Apocalipse estivesse em andamento:[11]

E, havendo aberto o sexto selo, olhei...
e o sol tornou-se negro como saco de cilício,
e a lua tornou-se como sangue.

Ele parou a carroça e fez com que toda a família se ajoelhasse, começasse a orar, se arrependesse e se preparasse para encontrar o Criador. A pessoa que me ligou se perguntava se o seu ancestral teria narrado, sem saber, um eclipse total do Sol. Eu perguntei a data da entrada no diário. Ela não tinha certeza, mas sabia que a viagem ocorrera no começo do século XIX. Usando o software especializado que tenho para emergências desse tipo, localizei o evento ao meio-dia de 16 de junho de 1806 e confirmei que eles estavam em Massachusetts. No início do século XIX, os eclipses solares totais eram completamente entendidos por qualquer pessoa ligeiramente instruída e que os tivesse testemunhado. Portanto, o único jeito de tal evento ser confundido seria se a carroça estivesse localizada sob um céu completamente coberto por nuvens. Pense agora num escurecimento inexplicável dos céus somado à religiosidade profunda de um cristão fluente na Bíblia e você estará suplicando pela misericórdia de Deus. Sem as nuvens, o eclipse solar se torna um espetáculo educativo para toda a família.

Vinte e sete anos mais tarde, nas horas que antecedem o alvorecer de 13 de novembro de 1833, a chuva anual de meteoros Leônidas foi especialmente memorável. Visível em toda a América do Norte, ela lançou mais de cem mil "estrelas cadentes" por hora. É o equivalente a trinta por segundo. Como comparação, uma boa chuva de meteoros possui uma média de uma por minuto, de modo que essa específica foi uma exibição chocante. Chamamos tais chuvas de meteoro de "tempestades de meteoro", e elas são o resultado da Terra atravessando algum bolsão de destroços de cometas mais denso que o normal ao orbitar o Sol. Os pedacinhos do cometa Tempel-Tuttle, que formam as Leônidas, não são maiores que ervilhas. Mas, ao colidirem com a atmosfera terrestre a cerca de 260.000 km/h, eles queimam como raios de luz, visíveis na escuridão do céu. Nesta época, o futuro presidente Abraham Lincoln, então com 24 anos de idade, morava em Illinois como inquilino de uma pensão do diácono da igreja presbiteriana local. Ao testemunhar essa exibição cósmica inesquecível, o diácono rapidamente despertou Lincoln, declarando: "Levante-se, Abraham, o dia do julgamento chegou!" Uma conclusão feita a partir de mais um verso apocalíptico — exatamente o seguinte — do Apocalipse:[12]

> E as estrelas do céu caíram sobre a terra,
> como quando a figueira lança de si os seus figos verdes,
> abalada por um vento forte.

Abraham, um autodidata e aprendiz vitalício, saiu obedientemente para examinar o céu noturno. Invocando seus conhecimentos de astronomia, percebeu que todas as grandes constelações ainda estavam lá, intactas — a Ursa Maior, Leão, Touro e Órion. O que quer que estivesse caindo, não eram as estrelas, e então ele racionalmente concluiu que a profecia bíblica da desgraça não estava em andamento,[13] e prontamente voltou para a cama.

Conhecimento sobre o Universo — em particular, as perspectivas cósmicas — desconecta o nosso ego de tudo o que acontece nos céus ao mesmo tempo que promove a responsabilidade por tudo o que fazemos, impedindo que culpemos ou demos crédito aos céus pelos nossos assuntos terrestres. Em outras palavras, do *Júlio César* de Shakespeare (1599):

A culpa, meu caro Brutus, não está nas estrelas,
mas em nós mesmos.

Em 1994, Carl Sagan publicou *Pálido ponto azul: Uma visão do futuro da humanidade no espaço*,[14] inspirado por uma foto da Terra de 1990 tirada pela sonda espacial *Voyager 1* ao cruzar a órbita de Netuno. Esse momento foi escolhido como o primeiro contato de um visitante externo com os planetas do nosso sistema solar, vindo em sentido contrário. A Terra quase não chega a ocupar um pixel naquela imagem, um duro lembrete de como somos pequenos no Universo. Em seu livro, Carl discorre poeticamente sobre o quanto a terra parece frágil e preciosa quando vista como um pálido ponto azul. Essa imagem se aproxima de uma redefinição da nossa declaração de missão social, por parte da nova geração, ainda que não tenha o mesmo impacto da foto do nascer da Terra. De qualquer modo, pode-se pensar nessa nova foto como a primeira selfie da Terra.

Outras revelações cósmicas que podem competir com o nascer da Terra incluem a descoberta de que não estamos sós no Universo. Isso poderia sinalizar uma mudança na condição humana que não conseguimos prever ou imaginar. Levado a limites tentadores, ainda que apavorantes, quem sabe não existimos numa simulação de computador programada por alienígenas adolescentes inteligentes ainda vivendo no porão da casa dos pais? Ou podemos descobrir que o planeta Terra é um zoológico — literalmente um terrário/aquário — construído para a diversão de antropólogos alienígenas. Indo mais além, talvez o nosso cosmos, completo, com nossas centenas de bilhões de estrelas por galáxia e as centenas de bilhões de galáxias no Universo observável, seja nada mais que um globo de neve sobre a lareira de um alienígena.

Em todos esses cenários, a perspectiva cósmica terá se transformado do Universo que nos lembra de cuidar melhor do nosso próprio destino para o Universo que declara que somos apenas brinquedos de formas de vida superiores. Um pensamento assustador, talvez. Mas cuidamos melhor de nossos gatos e cães do que dos humanos sem teto nas ruas. Se fôssemos bichinhos de estimação de alienígenas, será que eles cuidariam de nós melhor do que jamais cuidaremos de nós mesmos?

QUATRO

CONFLITO & RESOLUÇÃO

Forças tribais dentro de todos nós

Uma das principais características de uma democracia funcional é que podemos discordar sem matar uns aos outros. O que acontece quando a democracia falha? O que acontece quando somos intolerantes a visões diferentes das nossas?[1] Preferimos então uma ditadura em que todas as opiniões do país seguem as do ditador? Desejamos um regime que reprime, sepulta ou incinera visões divergentes? Ansiamos por um mundo onde o nosso código moral, nossos valores e nossos julgamentos — tudo o que acreditamos ser certo e errado — são considerados corretos e incontestáveis?

Olhe por trás das cortinas dos grandes conflitos e verá quem manipula as marionetes da política e da religião.

Dois temas que, como nos ensinam, não devemos discutir. Dois temas similares em sua natureza de cunho extremamente pessoal. Dois temas que, quando alvos de sérias discordâncias, podem levar ao derramamento de sangue e a guerras de grandes proporções.

Somando-se o número total de vítimas de todas as nações em conflito nos seis anos de duração da Segunda Guerra Mundial (de 1939 a 1945), mais de mil pessoas foram mortas — por hora. Uma consequência mórbida e inevitável do ato de forçarmos as nossas verdades pessoais a outros num mundo que é fundamentalmente plural. A maior missão na vida de um cientista é descobrir características da natureza que sejam verdadeiras, ainda que divirjam de suas filosofias. É por isso que jamais veremos batalhões de astrofísicos marchando e lutando em uma colina. Sem dúvida, os cientistas e seus trabalhos de natureza balística têm servido de peões para ideólogos militares[2] desde o início dos tempos. A maioria dos cientistas, entretanto, não tem motivo nem condição de realizar tudo isso sozinhos — por vontade própria. Até Wernher von Braun, arquiteto dos foguetes Apollo para a Lua, fez um comentário famoso acerca do sucesso do lançamento do míssil balístico V2,[3] que ele desenvolveu para a Alemanha nazista e que foi usado principalmente contra Londres e a Antuérpia:[4]

O foguete funcionou perfeitamente,
exceto por ter aterrissado no planeta errado.

O comportamento endogrupo/exogrupo dos seres humanos ao longo da história da civilização é especialmente perturbador, ainda que compreensível evolutivamente.[5] Se não conseguimos subjugar completamente nosso DNA, talvez uma infusão de raciocínio baseado em evidências consiga penetrar numa postura antievidência. Pense no que acontece quando cientistas discordam. Procuramos uma de três saídas: ou eu estou certo e você errado, ou você está certo e eu errado, ou estamos ambos errados. Esse é um contrato implícito que aplicamos a todas as discussões na fronteira das descobertas. Quem decide o resultado? Ninguém. Discutir mais alto ou de forma mais inflamada ou articulada do que o seu oponente só vai mostrar como você é irritante e obstinado. A resposta final sempre surge quando dados mais numerosos ou melhores são apresentados.

Em casos raros, ambos os lados de uma discussão podem estar certos, mas só quando os dois, sem perceber, descrevem características díspares do mesmo objeto ou fenômeno — como o provérbio dos dois cegos que descrevem, cada um, seu contato com um elefante: as presas, o rabo, as orelhas, as pernas e a tromba. Eles poderiam discutir o dia inteiro sobre quem está certo e quem está errado. Ou poderiam continuar explorando até por fim compreenderem que essas são partes distintas de um único animal. Isso também requer mais experimentos e observações — mais dados — para determinar o que é objetivamente verdade.

Tirando os conflitos sobre política ou sobre qual Deus ou deuses adoramos, os humanos constantemente travam guerras pelo acesso a recursos limitados, como energia (óleo e gás), água potável, jazidas minerais e metais preciosos. Em nosso quintal cósmico, a energia solar é onipresente, assim como os cometas de gelo de água doce. Asteroides metálicos também existem, em abundância, orbitando o Sol tranquilamente. Os maiores contêm, cada um, mais ouro e metais terras-raras do que já foi extraído em toda a história do mundo. Ainda não é uma realidade, mas imaginemos o dia em que toda a civilização passar a viajar pelo espaço. O acesso frequente ao espaço transformará o sistema solar no quintal da Terra. Com esse acesso virão recursos espaciais ilimitados, tornando toda uma série de conflitos humanos obsoleta. O acesso ao espaço pode ser mais do que só a exploração da próxima fronteira; pode ser também a maior esperança de sobrevivência para a civilização.

De todas as profissões, os cientistas podem ser excepcionalmente capazes de produzir e sustentar a paz entre as nações. Todos falamos a mesma língua básica. Por exemplo, o valor matemático de pi não varia ao passarmos pela imigração na fronteira de um país. As leis da biologia, da química e da física também permanecem as mesmas. E compartilhamos uma declaração de missão comum — explorar o mundo natural e, no processo, decodificar as operações da natureza. Vejamos como isso pode acontecer: imagine que você está numa missão espacial em um posto avançado na Lua, fazendo experimentos científicos em parceria com um colega astronauta de uma nacionalidade diferente da sua. Lá na Terra, por quaisquer razões, as tensões geopolíticas entre os seus países aumentam. As relações ficam tão ruins que ambos retiram seus embaixadores do país alheio. O resultado é um conflito armado, levando à morte em massa de soldados e civis. Você está no espaço — na Lua —, então, o que você faz? Você derruba o seu colega no chão, consumido pelas emoções, pela raiva e pelas ações dos políticos da Terra que estão a cerca de 400 mil quilômetros de distância? Ou talvez os seus chefes de Estado já tenham enviado a vocês dois mensagens com instruções para interromper todo o contato um com o outro. Você faria isso? Deveria fazer? Ou você simplesmente prosseguiria pacificamente com o seu dia lunar, realizando experimentos, ainda que consternado e envergonhado por ambos fazerem parte de uma espécie que, por milhares de anos, desenvolveu na Terra a arte e a ciência de matar uns aos outros.

* * *

Nem todos os países têm a oportunidade de explorar o espaço. Aqueles que o fazem compartilham uma conexão que transcende tudo o que poderia nos dividir. Quando eu estava a serviço do governo, na primeira das duas comissões de que participei na Casa Branca, sendo esta sobre "O Futuro da Indústria Aeroespacial dos Estados Unidos",[6] tive a oportunidade de conhecer e cumprimentar meus pares de vários países ao explorarmos o panorama aeroespacial mundial enquanto provedor de transporte, comércio e segurança. Por toda a Europa, Rússia e Ásia Oriental, avaliamos os desafios e as oportunidades que podem nos aguardar no futuro. Durante todo o tempo, eu desfrutei de uma excelente experiência de companheirismo entre colegas cientistas e engenheiros. Os políticos e executivos que participaram dessa comissão também se sentiram bem recebidos. Mas o ambiente se mostrou curiosamente favorável com os representantes russos. Na Star City, o centro de treinamento para cosmonautas nos arredores de Moscou, o clima entre todos era excelente. Eu não falo russo. Não consigo pronunciar as palavras porque não sei ler o alfabeto cirílico. E não gosto de vodca, que nos foi servida logo após a nossa chegada — por volta das 10:00 da manhã — pelo supervisor das instalações, que a tirou de dentro de uma porta secreta atrás de sua mesa. Após terem convidado meu colega de comissão, Buzz Aldrin, o tripulante da *Apollo 11* que caminhou na Lua, para assinar o seu grande livro de viajantes espaciais, começamos todos a falar sobre a corrida espacial dos anos 1960 e 1970 e sobre o futuro da exploração espacial. Foi então que todas as barreiras se evaporaram e foi como se eu conhecesse todos os russos daquela sala desde sempre — como se fôssemos amigos de infância que brincaram juntos com os mesmos brinquedos no mesmo parquinho.

Durante 42 anos, os Estados Unidos e a Rússia (URSS) foram os únicos países capazes de colocar um ser humano em órbita, até que a China se juntou ao clube e lançou seu primeiro taikonauta em 2003. Entre nós, as conexões emocionais eram profundas e as amizades transcenderam a política terrestre. Compartilhávamos um elo forjado no espaço.

Eu cresci durante a Guerra Fria e, assim como outros americanos de sangue quente, via os russos como comunistas, maus e sem religião. Nós não... nos odiávamos? Nós não... éramos inimigos mortais? Na verdade, não. Os políticos eram isso tudo. Nossos olhos estavam voltados para as estrelas o tempo todo — como exploradores —, possibilitando uma perspectiva mundial que sempre transcende os conflitos entre as nações.

As duas demonstrações de cooperação internacional mais custosas são, nesta ordem: as guerras e a construção/operação de uma Estação Espacial Internacional. Em terceiro e quarto lugares, porém distantes dos primeiros: as Olimpíadas e a Copa do Mundo. Três dessas quatro envolvem competições, uma delas causando a perda de vidas humanas. Quanto à Estação Espacial, a lista de países que já enviaram astronautas inclui África do Sul, Bélgica, Brasil, Cazaquistão, Coreia do Sul, Dinamarca, Emirados Árabes Unidos, Espanha, Grã-Bretanha, Holanda, Malásia, Suécia, sem falar em Estados Unidos, Rússia, Japão, Canadá, Itália, França e Alemanha. São menos bandeiras do que as que tremulam na Copa do Mundo ou nas Olimpíadas, mas uma breve análise da geopolítica do século XX, ainda fresca na memória das pessoas que vivem hoje, nos faz lembrar de quantos desses mesmos países estiveram em guerra entre si, causando a morte de milhões de soldados e civis.

98 | MENSAGEIRO DAS ESTRELAS

Durante o início dos anos 1970, os EUA e a URSS ainda mantinham o restante do mundo refém sob a ameaça de armas termonucleares, e a Guerra Fria ainda duraria mais duas décadas. Enquanto isso, em 1972, o presidente Richard Nixon e o primeiro-ministro soviético Alexei Kosygin — em Moscou — assinaram um acordo para o lançamento do Projeto-Teste Apollo-Soyuz. Três anos depois, em julho de 1975, astronautas e cosmonautas executaram o primeiro encontro no espaço, em uma manobra de ancoragem entre o módulo de comando da Apollo e a cápsula Soyuz. A única regra que deveriam seguir quando a escotilha fosse aberta? Que os americanos falassem apenas russo e os russos falassem apenas inglês.[7]

Como dizemos aos estudantes que estejam porventura tendo dificuldade em Astronomia 1: "O Universo está acima de todos nós." E, da mesma forma, podem estar as ideias mais férteis para a paz mundial.

* * *

Eu me posiciono como liberal em praticamente todas as opiniões relevantes que tenho. Apesar disso, foi o presidente George W. Bush quem me indicou duas vezes para participar de comissões na Casa Branca. Ele tinha interesse no meu conhecimento científico especializado, e meu posicionamento político parecia não importar. As minhas opiniões só dizem respeito a mim e (acreditem ou não) eu faço relativamente pouco esforço para que as pessoas concordem comigo, então pode ser que essa minha posição política silenciosa tenha abrandado quaisquer preocupações que ele pudesse ter sobre fazer concessões para me incluir.

Aquela indicação foi o meu batismo político. Eu conheci alguns conservadores convictos e fiquei amigo deles, assim como líderes trabalhistas progressistas. Nesse grupo poderoso e politicamente diversificado de doze comissionados, as conversas bem-sucedidas eram aquelas que aconteciam no ponto médio do espectro político. Isso me fez ter de migrar do meu canto inclinado à esquerda e aproximar minhas visões daqueles de quem eu constantemente discordava. Meus passos foram hesitantes, mas revigorantes. Cada centímetro que eu me aproximava da visão de mundo conservadora me deixava ainda mais distante da visão de mundo liberal que eu conhecia. Isso continuou até o instante em que percebi, pela primeira vez na vida, que eu estava realmente pensando por mim mesmo — não mais influenciado pelo torque das ideologias do meio onde nasci e que adotei como minhas sem nem questionar. Enxerguei pela primeira vez os conservadores como sendo mais do que simples monólitos. E também enxerguei os liberais pela primeira vez — o que foi possível graças a essa visão pouco familiar, mas esclarecida, do centro. Ali, comecei a rejeitar todo tipo de rótulo. O que são os rótulos, se não formas intelectualmente preguiçosas de afirmar que sabemos tudo sobre uma pessoa que não conhecemos?

Será que a racionalidade científica integrada a uma perspectiva cósmica consegue fazer com que todos concordem em tudo? Não, provavelmente não. Ainda que possa fazer com que todos discordem menos vigorosamente — não por fazerem concessões, mas pela separação inevitável entre as emoções e nossa capacidade de racionalizar, e pela redução da parcialidade em nossa capacidade de pensar. Algumas vezes, só precisamos de dados melhores e em maior quantidade.

Consideremos quatro estereótipos democratas/liberais (azuis) e republicanos/conservadores (vermelhos), que dizem respeito à ideologia política nos EUA, e como seriam vistos por um cientista questionador:

ESTEREÓTIPO 1: Os conservadores valorizam o núcleo familiar e a estabilidade que ele traz à civilização, diferente dos liberais, que vivem sob códigos de conduta moral questionáveis.

Vamos analisar os valores familiares por meio das questões que normalmente são observadas: nascimentos fora do casamento e taxas de divórcio. Se analisarmos as taxas de nascimento por estado, iremos concluir que metade dos bebês nascidos nos estados da Louisiana, Alabama, Mississippi, Texas, Oklahoma, Arkansas, Tennessee, Kentucky, Virgínia Ocidental e Carolina do Sul são filhos de mulheres solteiras.[8] No entanto, todos esses estados votaram vermelho em todas as eleições gerais deste século.[9] As taxas correspondentes para os estados sabidamente azuis, como Califórnia, Minnesota, Massachusetts e Nova York, são a metade disso. Bebês nascidos fora do casamento poderiam destacar, por exemplo, um panorama de mulheres liberais que não precisam de homens ou que evitam os paradigmas familiares dos anos 1950. Ou isso poderia indicar diferenças regionais em taxas de aborto. De uma forma ou de outra, nada disso serve como evidência de valores familiares tradicionais.

E quanto às taxas de divórcio por todo o país? Estados com as menores taxas poderiam sugerir uma cultura de vida familiar estável. Quando enumeramos todos os cinquenta estados (para o ano de 2019), concluímos que seis dos dez primeiros estados com as taxas de divórcio mais baixas são azuis. Quatro são vermelhos. Tudo bem. Não conseguimos concluir nada a partir disso. Mas vamos olhar mais de perto: os estados com as duas taxas mais baixas, de longe, são Illinois e Massachusetts, ambos constantemente eleitores dos azuis. Além disso, nove dos dez estados com as taxas de divórcio mais altas votaram nos vermelhos nas eleições de 2020. E mais: os únicos dois presidentes dos EUA com divórcios anteriores à sua eleição foram os republicanos Ronald Reagan e Donald Trump. O ex-presidente Trump se divorciou duas vezes. Melania é a sua terceira esposa. A segunda foi aquela com quem ele traiu a primeira. E ele tem filhos com as três.

O que podemos fazer com esses fatos? Varrê-los para debaixo do tapete? Ou usá-los para desarmar quaisquer discussões inflamadas sobre qual partido político detém os padrões de moralidade?

Mas, peraí. Em 2015, o vazamento de dados do infame serviço de encontros online Ashley Madison produziu uma estatística acidental que esclareceu melhor esse panorama de análises equivocadas. O site foi criado para promover o encontro de uma pessoa casada com outra também casada, ambas com a intenção de trair seus cônjuges. Quando foi revelado quais estados eram os mais ativos nessa plataforma, os mais de esquerda, como Nova York, Nova Jersey, Connecticut, Massachusetts, Illinois, Washington e Califórnia, emplacaram entre os 15 primeiros no ranking dos traidores.[10] Então talvez a verdade seja mais sutil e complexa do que tanto a direita quanto a esquerda seriam capazes de admitir. Talvez o divórcio seja um desfecho mais honesto para um relacionamento fracassado do que procurar, em segredo, casos ilícitos enquanto ainda casados. De um jeito ou de outro, aprendemos a partir da investigação racional que nenhuma parte do espectro político pode alegar valores familiares moralmente superiores.

ESTEREÓTIPO 2: Os liberais frequentam os altos escalões da ciência enquanto os conservadores abraçam os negacionistas.

Por onde começar? A negação das mudanças climáticas representa uma ameaça existencial à estabilidade da civilização — e essa negação se encaixa perfeitamente nos programas dos partidos conservadores, ainda que se tenha conseguido algum progresso ao longo dos anos. Inicialmente o grito de guerra conservador era a negação, que posteriormente se transformou no reconhecimento de que as mudanças climáticas são reais, mas que os seres humanos não são os causadores delas. Para alguns, o discurso passou a ser, no fim das contas, um reconhecimento de que são os seres humanos os causadores disso tudo, mas que não há nada que possamos ou devamos fazer a respeito. Eis uma frase real do Programa Republicano[11] oficial de 2018, redigido no Texas, um estado dependente do petróleo:[12]

A mudança climática é uma agenda política destinada a controlar todos os aspectos da nossa vida.

Um caso clássico de pensamento ilusório em que as convicções políticas se sobrepõem às verdades objetivas. Revisado a cada dois anos, em 2020 o programa teve a frase removida, deixando em seu lugar apenas:[13]

Nós defendemos a suspensão do financiamento das iniciativas de "justiça climática".

Todos nós já vimos os números. Mais de 97% dos cientistas climáticos concordam[14] que a nossa civilização industrializada, construída à base de combustíveis fósseis com alta densidade energética e de fácil transporte, está potencializando o efeito estufa na Terra, o que causa o derretimento do gelo glacial e acabará provocando a inundação de todas as cidades costeiras do mundo. Chegou-se a essa conclusão não por uma maioria de votos. E sim por um corpo de pesquisas sustentadas a partir de observações e experimentos repetidos por várias disciplinas, que é exatamente o que queremos e do que precisamos antes de declarar uma nova verdade objetiva no mundo. O negacionismo aqui está em viver nos 3% dos artigos de pesquisa que discordam ou negam categoricamente os resultados predominantes.

Para ajudar a esclarecer o que é o consenso científico, vamos fazer um "experimento mental". Trata-se de uma tática há muito estabelecida e utilizada por muitos cientistas — e que ficou famosa com Albert Einstein —, como uma forma de uma pessoa pensante imaginar um experimento que não teria tempo ou dinheiro para realizar. Por exemplo: uma ponte está prestes a desabar e 97% dos engenheiros estruturais avisam: "A ponte cairá se você passar com seu caminhão por ela. Sendo assim, pegue o túnel." Os 3% restantes dizem: "Não dê ouvidos a eles; a ponte está ótima!" O que você faria? Outro exemplo: uma pílula suicida não testada é inventada e 97% dos profissionais da área médica dizem que ela pode matar com apenas uma dose. Apesar disso, 3% dizem que não irá lhe fazer mal e que pode até melhorar sua saúde. Se você quisesse melhorar sua saúde, tomaria a pílula? Os experimentos mentais, quando concebidos para mudar o contexto de uma pergunta no tempo, no espaço ou em seu escopo, podem revelar preconceitos, parcialidades ou tendenciosidades ocultas, fazendo com que você confronte, talvez pela primeira vez, suas próprias bases de pensamento.

As refutações da direita sobre as mudanças climáticas continuam evoluindo. A formulação mais recente aceita

CONFLITO & RESOLUÇÃO | 105

a premissa de que os seres humanos estejam aquecendo o planeta, mas discutem vigorosamente com pessoas de esquerda sobre o custo econômico de tudo isso. Mais especificamente, eles temem que programas como o Green New Deal[15] desencadeiem uma catástrofe financeira. Oba! Finalmente chegamos a um debate político sobre quais medidas deveriam ser tomadas em resposta às verdades científicas. É assim que se espera que uma democracia esclarecida funcione.

Em um outro criadouro de negação da ciência, alguns cristãos conservadores duvidam da evolução darwiniana porque seus textos sagrados de 3.500 anos de idade apresentam uma ideia diferente de como os animais e o restante da vida na Terra surgiram. Esses fundamentalistas estão simplesmente manifestando seu direito constitucional de liberdade de expressão e de religião. Eles são a minoria dentre os cristãos[16] e eu não estou interessado em mudar a opinião deles, a menos que queiram derrubar o currículo do ensino de ciências no país ou façam lobby para se tornar líderes de alguma agência científica governamental. Há vários empregos bem (e mal) remunerados que não exigem a aceitação dos princípios da biologia moderna.

Nem tudo que é conservador é antievolutivo. Consideremos o caso *Kitzmiller vs. Dover Area School District* da Pensilvânia, um marco judiciário de 2005, no qual o juiz federal John E. Jones III determinou que o ensino do "projeto inteligente" inspirado por Deus nas escolas públicas era inconstitucional. O juiz Jones foi indicado para essa posição pelo presidente republicano George W. Bush.

Tirando as mudanças climáticas e a biologia moderna, sobra muito pouco sobre a ciência que seja negado pelos conservadores, ainda que os liberais promovam contra eles a acusação de negacionistas generalizados. Certo. E quanto aos liberais? A seguinte lista de crenças e práticas se encaixam perfeitamente em seus currais: cura por cristais, toque terapêutico, energia das penas, terapia magnética, homeopatia, astrologia, combate aos transgênicos e à indústria farmacêutica. O que todas essas ideias e movimentos têm em comum é uma rejeição total a alguns ou a todos os aspectos relevantes da ciência convencional sobre cada tema. Antes do governo de Trump e da resistência alimentada por conservadores à vacina da covid-19 que foi rapidamente desenvolvida em 2020, o movimento antivacina (mais um espaço de rejeição à ciência) era liderado basicamente por comunidades liberais. Elas praticamente inventaram o termo. Por exemplo, em 2000, a Organização Mundial da Saúde declarou que o sarampo havia sido "erradicado" nos EUA, graças ao sucesso dos programas de vacinação vigentes.[17] Mesmo assim, em 2019, os EUA registraram cerca de 1.300 casos. De onde veio a maioria desses surtos? Dos estados eternamente azuis de Washington, Oregon, Califórnia, Nova York e Nova Jersey, onde muitos pais se recusam[18] a vacinar os filhos. Agora, com o movimento antivacina ficando roxo no mapa — ao se espalhar por enclaves conservadores[19] —, o total combinado dos antivacina representa quase um quarto do país.[20]

CONFLITO & RESOLUÇÃO | 107

Em um post de agosto de 2021 que, em retrospecto, deveria ter permanecido no meu arquivo de "Tweets Proibidos", eu examinei o número de cidadãos americanos mortos diariamente pela variante Delta da covid-19 — cerca de mil pessoas. Na época, percebi que ao menos 98% de todos os que estavam hospitalizados e morrendo por causa da covid-19 eram pessoas não vacinadas. A partir de várias pesquisas, vi que o número de pessoas que votavam em republicanos e permaneciam não vacinadas era cinco vezes maior do que as que votavam em democratas. Se fizermos os cálculos, chegaremos ao meu post:

> Atualmente nos EUA, a cada dez dias, mais de 8.000 eleitores republicanos (não vacinados) estão morrendo de covid-19. Esse número é 5 vezes maior que o de democratas.

Nela, incluí um meme que ilustrava um título de livro zombeteiro em fonte gótica:

Como morrer como um camponês medieval apesar da existência da ciência moderna

Em segundos, todas as brigas de Twitter possíveis estouraram. Muitos conservadores antivacina firmaram sua posição e reforçaram a decisão de permanecer não vacinados — em prol da liberdade. Outros preferiram deixar de me seguir, me acusando de politizar a covid. Alguns questionaram a fonte dos dados. Outros ainda reclamaram que eu não deveria fazer pouco-caso da morte das pessoas. Até minha filha militante me telefonou para dizer que aquilo foi pesado. Eu não previ nenhuma dessas reações; na verdade, imaginei que as pessoas, em especial os republicanos, iriam dizer: "Humm. Isso não é bom. Precisamos de mais votos nas próximas eleições, não menos. Vamos nos vacinar." Quando erro feio assim significa que, como educador, falhei em compreender e navegar pelos receptores das pessoas para assimilar minha publicação. Apaguei o *tweet* e o substituí por um link para um de meus podcasts sobre a ciência da vacina[21] com um profissional da área da saúde.

Apesar desses fatos sobre vacinas entre os conservadores, a maior parte das crenças dos liberais não irá precipitar o fim da civilização. A negação da ciência por parte deles, como é expressa atualmente, não irá desestabilizar o mundo tanto quanto a negação científica das mudanças climáticas por parte dos conservadores. Assim, os liberais de hoje podem afirmar que suas atividades são melhores para o planeta, mas não podem presunçosamente se autodenominar pró-ciência.

Nos últimos anos, financiadores de suplementos alimentares questionáveis se infiltraram entre os patrocinadores de programas de rádio e podcasts da direita radical. Brain Force Plus, Super Male Vitality, Alpha Power e DNA Force Plus são, todos, exemplos de pílulas e extratos não aprovados pela FDA (Food and Drug Administration) à venda na plataforma *Infowars* de Alex Jones. Os fornecedores desses produtos encontraram ali um público receptivo.[22] Tais suplementos, bem como outros tratamentos medicinais "alternativos", já foram de domínio quase exclusivo do pensamento da esquerda. Assim como o movimento antivacina, esse mercado agora é um espaço mesclado, compondo já o segundo tema sobre o qual as comunidades de vermelhos radicais e azuis radicais podem concordar.

Não importa o que um político diz ou promete durante a campanha nem durante o mandato, a medida mais fundamental de apoio político é a quantidade de verba do orçamento federal investida em uma causa. Acontece que desde o fim da Segunda Guerra Mundial, quando os investimentos em ciência se tornaram uma prioridade, o financiamento do Departamento de Políticas para Ciência e Tecnologia da Casa Branca — a agência do governo americano supervisionado pelo conselheiro científico do presidente (atualmente secretário de ciência) — combinado a outros tipos de programas de pesquisa e desenvolvimento não militares, incluindo a agricultura e os transportes, teve um aumento ligeiramente maior com presidentes republicanos do que com democratas.[23] Vale a pena ressaltar que os maiores ganhos orçamentários vieram do republicano Eisenhower (aumento de 46% por ano durante seus dois mandatos). O segundo lugar fica com o mandato dos democratas Kennedy e Johnson (aumento de 39% ao ano — período das missões Apollo na década de 1960). Durante o mandato de Trump, o orçamento aumentou 2,4% por ano. Os dois menores aumentos foram dos democratas Clinton (2,2% ao ano) e Obama (1,2% ao ano) durante os dois mandatos de ambos.

Considerando esses dados, os políticos "negacionistas da ciência" na verdade gostam de ciência.

ESTEREÓTIPO 3: Os republicanos são racistas, sexistas, anti-imigrantes e homofóbicos. Os democratas acolhem todas as pessoas.

Esse estereótipo extremamente rotulador é como os democratas enxergam os republicanos em comparação a si mesmos. No passado, o oposto predominava.

Abraham Lincoln foi o primeiro presidente republicano — seu partido foi, em parte, fundado para abolir a escravidão nos EUA. Durante o período da Reconstrução, e mesmo depois, os republicanos lideraram movimentos congressistas para financiar e apoiar a fundação de Faculdades e Universidades Historicamente Negras [HBCUs, na sigla em inglês], principalmente através da segunda Lei Morrill de 1890, numa época em que escolas privadas de elite negavam o acesso a qualquer pessoa não branca. Uma página online do Instituto Smithsonian que resume a história das HBCUs[24] não faz qualquer menção aos republicanos na garantia dessas oportunidades no período posterior à Guerra Civil dos EUA. Talvez queiram ser apartidários. E, assim, estão escondendo o fato extraordinário e contundente de que por cem anos o partido político mais racista era o dos democratas. Eles eram os responsáveis pelo cumprimento das leis de Jim Crow no Sul e faziam vista grossa aos milhares de linchamentos[25] que lá ocorriam. Os governadores, os prefeitos, os delegados de

CONFLITO & RESOLUÇÃO | 111

polícia e as multidões enfurecidas aos gritos naquela região, como se pode ver nas filmagens mais horrendas dos movimentos pelos Direitos Civis, eram todos democratas.

Hoje esses estereótipos se inverteram quase que completamente, com um realinhamento de 180 graus sobre quem é inclusivo e quem não é. Mas, na verdade, não foi exatamente uma mudança de 180 graus. Desde 1990, os dois primeiros secretários de estado negros, Colin Powell e Condoleezza Rice, foram indicados por presidentes republicanos. O segundo juiz negro da Suprema Corte, Clarence Thomas, também foi indicado por um presidente republicano. E nenhum dos quatro indicados pelos presidentes democratas Clinton e Obama eram negros.[26] Se você não gosta da política deles, então diga que a busca era por uma pessoa negra de alto escalão que se alinhasse com seu posicionamento político-partidário, e não apenas uma pessoa negra de alto escalão. Vale mencionar o caso *Whitewood vs. Wolf*, na Pensilvânia, que foi um marco em 2014, declarando inconstitucional a proibição estadual do casamento entre pessoas do mesmo sexo. Quem presidiu o caso? Nosso velho amigo, indicado por Bush, John E. Jones III. Continuando essa sequência, em abril de 2022, a juíza Ketanji Brown Jackson se tornou a primeira mulher negra na Suprema Corte dos EUA, com todos os 50 senadores democratas votando a seu favor, enquanto 47 dos 50 senadores republicanos votaram contra. Tudo isso me faz refletir sobre o que realmente significa estar alinhado a um partido político. Eles pensam por você?

Definem suas atitudes em relação aos problemas que o país enfrenta? Caso a resposta seja sim, então você é um peão dos que estão no poder. Um sentimento que evoca um trecho popular da letra da canção "Sir Joseph Porter's Song", o almirante da Marinha Real, na ópera leve e cômica *H.M.S. Pinafore* (1878), de Gilbert e Sullivan:

> *Eu sempre votei de acordo com o meu partido,*
> *e jamais pensei que pensar por mim mesmo*
> *faria algum sentido.*

Em uma república representativa, porém, os que estão no poder é que deveriam ser seus peões: um governo do povo, pelo povo e para o povo.

Eu diria que imagens da Terra captadas do espaço transformam as perspectivas globais para melhor. Mas avaliar e julgar seres humanos individualmente e a distância quase nunca acabam bem. As pinceladas através das quais pintamos e caracterizamos as visões dos outros tendem a ser grosseiras e sem nuances, nos deixando suscetíveis à intolerância e ao preconceito. De longe, um gramado em um bairro periférico é só um tapete verde. Quando visto de perto, o tapete se revela como várias folhas de grama. Mais de perto ainda, as folhas se revelam como células vegetais que realizam a fotossíntese. A que distância você vai escolher formular suas opiniões e perspectivas sobre o gramado debaixo dos nossos pés?

A temporada de 1980 da série *Cosmos*, apresentada por Carl Sagan, foi levada ao ar pela emissora KCET de Los

CONFLITO & RESOLUÇÃO | 113

Angeles, afiliada da rede PBS [Public Broadcasting Service]. *Cosmos* é um documentário científico de muitas partes e, por isso, foi parar naturalmente na PBS. Durante a temporada de 2014 de *Cosmos*, tive o privilégio de ser o apresentador da série. Dessa vez, no entanto, ela estreou na rede Fox, o que acabou nos dando liberdade e recursos para abordarmos os temas que nos interessavam.

Meus amigos mais de esquerda tendiam a considerar a Fox inteira como o grande monólito Fox News. Quando souberam que *Cosmos* não só deixaria de ser transmitido pela PBS, mas ainda estrearia na Fox, eles supuseram que a Fox nos ditaria a agenda dos partidos conservadores, nos forçando a virar porta-vozes das ideologias polêmicas da Fox News. Meus amigos menos liberais não pensaram tanto dessa forma, e os de centro nos parabenizaram por termos conseguido uma plataforma de difusão da ciência com audiência bem maior que a PBS.

Qual o motivo dessa variedade de reações?

Os de extrema esquerda estavam cegos por causa de seus preconceitos, o que contaminava sua capacidade de enxergar o mundo racionalmente. A política dos comentaristas da Fox News os deixa enfurecidos. Ela também me enfurece. Mas em sua visão de mundo radical de esquerda, tudo o que era Fox era sinônimo de Fox News. Eles nunca perceberam que faixas inteiras do portfólio da Fox são modelos de programação progressista. Ressaltando apenas alguns poucos exemplos, a Fox é a 20th Century Fox, que levou *Avatar* (2009) aos cinemas — um sucesso de ficção científica (a maior bilheteria de todos os tempos) que narra a situação de povos indígenas, em um outro sistema estelar, que utilizam os poderes místicos das plantas e de criaturas da floresta para proteger seu planeta nativo dos gananciosos colonizadores corporativos. Poderia muito bem ter recebido o título de *Pocahontas no espaço*.

Searchlight Pictures é o estúdio de produções independentes da Fox que levou às telas *Quem Quer Ser Um Milionário?* (2008), *12 anos de escravidão* (2013) e o documentário, vencedor do Oscar, *Summer of Soul... ou, Quando a revolução não pôde ser televisionada* (2021), todos eles abordando a condição dos desprivilegiados. Fox é Fox Sports, que é altamente reconhecida no mundo inteiro por sua cobertura diversa, especializada, minuciosa e tecnológica. Fox também é o canal a cabo Fox Business, que carrega algum DNA da Fox News, mas é mais moderado.

E o mais importante: a Fox também é o carro-chefe do Canal Fox. Recanto dos *Simpsons* e do *Uma família da pesada,* programas liberais com tom mordaz, bem como o meu preferido *In Living Color,* que era um esquete com consciência social. Esses programas, e muitos outros, desbravaram novos caminhos graças a seus comentários sociais progressistas. A série *Glee*, por exemplo, um musical de comédia dramática que foi ao ar por seis temporadas, apresentava as façanhas do clube de coral de uma escola de ensino médio. Em uma cena, dois integrantes do elenco cantam uma música natalina feita para ser interpretada por um homem e uma mulher. Mas esse dueto era composto por dois homens apaixonados — entre si.

CONFLITO & RESOLUÇÃO | 115

Vocês podem imaginar a minha frustração ao ouvir as lamentações fanáticas dos liberais sobre o suposto fim de *Cosmos* simplesmente por ser transmitido pela rede Fox.

Preconceitos ocultos podem gerar um impulso persistente de só enxergar as coisas com as quais concordamos e ignorar tudo de que discordamos, ainda que haja muitos elementos que nos contradigam. Dentre as várias formas de nos enganarmos, a mais perniciosa é o viés de confirmação: lembramos os acertos e esquecemos os erros. Isso afeta a todos nós, em um nível ou outro. O antídoto? Análise racional desapaixonada.

ESTEREÓTIPO 4: Os republicanos são verdadeiros patriotas. Os liberais são antiamericanos e só querem aumentar os impostos e viver dos programas sociais do governo.

Em 1781, o estado de Massachusetts foi o primeiro a reconhecer o 4 de julho, o Dia da Independência, como feriado. Apenas seis anos antes, Massachusetts foi palco das primeiras batalhas da Guerra de Independência que formou os Estados Unidos da América. Isso foi há muito tempo, mas esse estado, que é o mais azul dos azuis, merece os parabéns por isso. [27]

Os liberais e progressistas planejaram e lideraram praticamente todas as marchas antiguerra pós-Segunda Guerra Mundial. Ser antiguerra é ser antiamericano? Os liberais bem que adoram proibir as coisas, quase sempre baseados na noção de que aquilo que precisa ser proibido é ruim para nós ou para o meio ambiente. Então talvez eles não estejam tentando restringir a nossa liberdade; pelo contrário, podem estar só tentando salvar a nossa vida.

E quanto aos impostos? Antes de se posicionar politicamente sobre esse assunto, considere a realidade factual com base nos dados em vez de considerar uma realidade imaginada propagada pela repetição incessante. Faça um ranking com os cinquenta estados pela receita de impostos federais per capita arrecadada em qualquer ano. Esse dado pode estar relacionado à saúde econômica do estado, mas isoladamente não é o que importa aqui. Em seguida, inclua na lista o total de auxílio federal per capita recebido por cada estado. A diferença entre esses dois números indica diretamente quanto um estado depende dos programas governamentais para funcionar e quanto o governo depende daquele estado.

Ao fazermos esse exercício, percebemos que oito dos dez estados no topo da lista, que pagam mais ao governo federal per capita do que recebem, são estados azuis. Nos últimos lugares, sem incluir a Virgínia (detentora do maior orçamento federal por causa do Pentágono), seis dos dez estados que recebem mais benefícios do governo federal[28] do que contribuem são estados vermelhos.[29] Considerando a retórica poiítica vigente, poderíamos esperar zero entre esses dez. No entanto, sob presidências de democratas liberais, os impostos cobrados aumentaram mais do que sob presidências republicanas conservadoras. A acusação "taxar-e-gastar" é real: se não quisermos pagar mais impostos, então não votemos em democratas, ainda

CONFLITO & RESOLUÇÃO | 117

que os estados vermelhos anti-impostos se beneficiem muitíssimo da receita de impostos aumentados. A saúde e a riqueza da nação permanecem fortemente dependentes da força econômica dos estados azuis, estando Nova York, Nova Jersey, Connecticut e Illinois na liderança.

***

Existe um mundo sem democratas ou republicanos? Um mundo sem fanáticos de esquerda ou direita? Podemos criar um mundo pacífico, sem guerras ou derramamento de sangue, apenas com algumas pessoas, aqui e ali, discutindo moderadamente, que ainda queiram tomar uma cerveja juntas após terem terminado de discordar sobre assuntos que não têm qualquer fundamento em verdades objetivas? Em um contexto de briga política contínua, se um alienígena pacifista pousasse na Terra, caminhasse em sua direção e pedisse "Leve-me ao seu líder!", você o escoltaria até a Casa Branca ou até a Academia Nacional de Ciências?

Correndo o risco de superanalisar a fantasia, permitam-me falar sobre a cultura da ComicCon. Em San Diego, na Califórnia, e também na cidade de Nova York, multidões se apinham anualmente nos centros de convenções dessas cidades para celebrar o mundo de cosplays, quadrinhos, animação, ficção fantástica, super-heróis, jogos de computadores, alienígenas e especialmente ficção científica na televisão e no cinema. Elas gostam de construir mundos artificiais com regras consistentes e viver neles. E depois gostam de pensar racionalmente dentro desses mundos. Juntas, essas duas ComicCons organizadas de forma independente, as duas maiores na Terra, atraem mais de 300 mil pessoas.[30] Ao redor do mundo, o público total em convenções similares pode chegar a milhões.[31] Os participantes são diversos em todos os aspectos. Altos, baixos, magros, rechonchudos, deficientes, ambigênero, pessoas no espectro autista, de óculos, despenteados. Muitos deles nunca venceram um concurso de popularidade e jamais seriam candidatos a rei ou rainha do baile de formatura, embora provavelmente tirassem notas mais altas que seus colegas de turma na escola. Eu suspeito (mas não tenho como provar) de que o diagrama de Venn dos frequentadores das ComicCons contém inteiramente o conjunto de todas as pessoas que já levaram um cuecão de valentões do ensino médio na história do Universo.

Todos se reúnem pelo amor em comum que têm pela imaginação — possivelmente algo que se encontra arraigado em nosso DNA coletivo. Mesmo assim, não há julgamentos.

Não, isso não é verdade. Claro que há julgamentos.

Por exemplo, a penalidade é dura, porém temporária, se a sua fantasia de R2D2 do *Star Wars* estiver sem a porta octogonal. A espada e a saia de couro plissada da sua fantasia de Xena, a Princesa Guerreira, são realistas? A sua imitação de um zumbi arrastando os pés é convincente? O seu phaser de mão da *Star Trek* faz o barulho que deveria? Se não, as pessoas irão fazer chacotas nerds a seu respeito. Fora isso, não há julgamentos. Baseado em tudo

CONFLITO & RESOLUÇÃO | 119

o que sei sobre essa comunidade, sendo eu mesmo um nerd de carteirinha, e tendo participado de ComicCons nas duas costas do país, posso afirmar com segurança que os participantes são conhecedores de ciência. Eles anseiam por todas as maneiras pelas quais o futuro da ciência e da tecnologia possa transformar o mundo (o Universo) em um lugar melhor. Eles conseguem separar a fantasia da realidade — na maior parte do tempo. Eles sempre sabem a diferença entre o bem e o mal e, essencialmente, eles vivem e deixam viver. Se os participantes das ComicCons governassem o mundo, as piores brigas geopolíticas seriam falsas batalhas de sabres de luz após um almoço de sexta-feira no prédio das Nações Unidas.

Em vez da Casa Branca, por que não levamos nosso visitante alienígena a uma ComicCon? Nossa maior preocupação seria de que ninguém notasse um alienígena de verdade camuflado em meio àqueles que fingem ser aliens. O lado bom? Nosso visitante alienígena liga para casa e avisa, então: "Eles são exatamente como nós!"

CINCO

RISCO & RECOMPENSA

*Cálculos que fazemos diariamente com
a nossa vida e a dos outros*

Compreender probabilidade e estatística é compreender risco — algo que o cérebro humano não está programado para aceitar intuitivamente. Considere o fato de que a aritmética, a álgebra, a geometria, a trigonometria, a representação gráfica de fórmulas, os logaritmos, os números imaginários, a teoria dos números e o cálculo já estavam em andamento antes que alguém demonstrasse que seria uma boa ideia tirar uma média.[1] Os matemáticos árabes da Era de Ouro do Islã, em particular Ibn Adlan (1187-1268 d.C.), há mais de mil anos, começaram a se interessar por tamanho de amostra e análise de frequência, estabelecendo os primeiros conceitos da teoria da probabilidade, embora essa área só fosse ganhar um arcabouço completo em torno de 1800.

O matemático alemão do século XIX Carl Friedrich Gauss é considerado por alguns (eu, inclusive) o maior matemático desde a antiguidade. Logo após o primeiro asteroide, Ceres, ter sido descoberto em 1801, o caminho de sua órbita foi rastreado por observações intermitentes antes de se perder no brilho do Sol. Como poderíamos encontrá-lo novamente quando ele emergisse do outro lado do Sol? Gauss decidiu ajudar e desenvolveu o método estatístico dos "mínimos quadrados" — a melhor forma matemática de ajustar uma reta através de dados, permitindo-nos prever o futuro comportamento deles. Essa ferramenta permitiu que Gauss previsse a região do céu onde Ceres iria aparecer. Como de fato aconteceu. Na hora certa. No lugar certo.

Em 1809, Gauss já tinha desenvolvido completamente a famosa "curva de sino", talvez a ferramenta estatística mais poderosa e de maior impacto de toda a ciência. Também conhecida como "distribuição normal", ela revela que, para praticamente tudo o que pudermos medir no mundo, a maioria dos resultados obtidos estará no meio de uma faixa. Tanto para os valores mais altos quanto para os mais baixos, a ocorrência deles é cada vez menor. Essa característica é válida sobretudo para as incertezas que surgem das próprias medidas, mas também para quantidades que possam ter uma variação real. Por exemplo, poucas pessoas são muito baixas. Poucas pessoas são muito altas. A maioria das pessoas tem uma altura intermediária. O conceito não é muito mais complicado que isso, mas a expressão matemática exata da curva de sino já fez muitos marmanjos chorarem:

$$f(x) = \frac{1}{\sigma\sqrt{2\pi}}e^{-\frac{1}{2}(\frac{x-\mu}{\sigma})^2}$$

Sim, ela possui três letras gregas minúsculas — pode contar: *sigma, pi* e *mi*. Ela também tem um *f* chique em itálico e a função exponencial *e*, tudo em uma equação tendo *x* como variável. Quando expressa graficamente, a curva assume o formato de um sino. Não o sino de um trenó. Nem o sino de uma vaca. Está mais para o Sino da Liberdade.

Muito antes do surgimento dessa equação, a física fundamental para a viagem à Lua já havia sido estabelecida e a revolução industrial estava a todo vapor. Outra prova de que pensar estatisticamente não é só uma questão de não ser algo natural, os avanços nesse campo precisaram das pessoas mais inteligentes que já viveram na Terra. E ainda nos deparamos com o fato curioso de que hoje várias universidades de ponta contam com um Departamento de Estatística separado e distinto do Departamento de Matemática. No entanto, não encontramos departamentos separados de outros ramos da matemática. Não há um Departamento de Trigonometria. Nem um Departamento de Cálculo. Isso prova que a estatística é diferente e, de alguma forma, requer seu próprio espaço intelectual.

Quando eventos estatisticamente improváveis ocorrem — de forma aleatória —, os adultos frequentemente recorrem a um enorme repositório de significados para explicá-los. A necessidade de fazer isso, aliada à ausência generalizada de curiosidade sobre o que é verdade, pode ter raízes evolutivas racionais.[2] Por exemplo, seria um leão farfalhando a grama alta à sua frente, ou seria apenas o efeito de uma leve brisa? Considere os resultados de um fluxograma de leão faminto:

1. Você acha que viu um leão. Sua curiosidade é aguçada e você quer confirmar isso, então se aproxima e descobre que se trata, de fato, de um leão. Em seguida o leão devora você, removendo sumariamente a sua pessoa do pool genético.

2. Você acha que viu um leão. Sua curiosidade é aguçada e você quer confirmar isso, então se aproxima e descobre que é uma brisa. Você continuará vivo. Mas insista nesse comportamento e acabará obtendo o resultado nº 1.

3. Você acha que viu um leão. É de fato um leão. Você saiu correndo antes de confirmar esse fato. Você continuará vivo.

4. Você acha que viu um leão. Não é um leão. Era apenas uma brisa. Você saiu correndo antes de confirmar esse fato. Você continuará vivo.

Perceba quem foi recompensado aqui: aqueles que reconheceram padrões, fossem eles reais ou não, e aqueles que não tiveram nenhuma curiosidade.

Nossos ancestrais também foram altamente dependentes de suposições de causa e efeito para sobreviver. Se alguém comeu frutas silvestres em determinado momento e sentiu um forte enjoo nas horas seguintes, a culpa foi provavelmente dessas frutinhas. A coincidência desses dois eventos pesou na nossa compreensão de mundo. Aqueles que não fizeram a conexão entre uma coisa e outra continuaram ficando doentes e desapareceram do pool genético.

Apesar de nenhum leão ficar à espreita atrás de automóveis estacionados e nenhuma fruta silvestre venenosa estar à nossa espera na mercearia da esquina, esses comportamentos pré-históricos, quando transpostos para a civilização moderna, permanecem conosco e se manifestam através de um amplo espectro de comportamentos irracionais.

Por exemplo, no caso de um encontro acidental num lugar muito distante com um amigo que não vemos há muito tempo, frequentemente pensamos que foi o destino, talvez até digamos: "Coincidências não existem!" Ou então podemos proferir uma alegação geograficamente questionável: "Que mundo pequeno!" Mas tente se aproximar de cada pessoa que vir na rua e perguntar: "Eu conheço você?" Quando elas responderem "Não!", diga em alto e bom som: "Que mundo enorme!" Passe um dia inteiro fazendo isso e nunca mais vai dizer "Que mundo pequeno!". Em outro exemplo, quantos de nós usamos meias ou roupas íntimas da sorte em dias importantes?

Elas se tornaram "da sorte" porque, por acaso, era o que você estava usando quando algo inesperadamente bom aconteceu na sua vida.

Em outro exemplo, trazido a nós pelos publicitários, sabe-se de antemão que apresentar as estatísticas sobre a eficácia dos produtos não é algo eficaz. Então eles enchem seus comerciais de testemunhos atraentes de pessoas que se parecem muito com você e que declaram como o produto satisfez suas necessidades de forma esplêndida. Tendemos a ficar mais balançados com o testemunho passional de uma única pessoa do que com uma tabela contendo dados compilados a partir de milhares de pessoas.

Os impulsos para pensar dessa forma são fortes e normalmente inofensivos. Mas as nossas limitações são conhecidas e astutamente exploradas — sequestradas — visando a ganhos financeiros por parte de cassinos e outros centros de jogatina. Imagine o quanto o mundo seria diferente se o raciocínio matemático sobre questões humanas fosse algo normal e natural. Tais poderes de análise influenciariam praticamente todas as decisões tomadas por nós em um dia — principalmente decisões que pudessem influenciar nosso futuro incerto. Não existe análise de dados científicos, sobretudo nas ciências físicas, sem tandem e muitos anos de cursos de graduação e pós-graduação em teoria estatística e probabilidade para sustentá-la. Acima de tudo, é por essas razões que o mundo parece bem diferente aos olhos de cientistas.

* * *

Cientistas também são humanos, mas o extenso treinamento matemático lentamente reprograma essas partes irracionais do cérebro e nos deixa um pouco menos suscetíveis à exploração. Consideremos o exemplo da Sociedade Americana de Física [APS, na sigla em inglês], a principal organização profissional dos físicos do país. Em 1986, devido a problemas de agendamento de hotel, os membros da sociedade foram obrigados a cancelar, no último minuto, os planos de ter San Diego como o local do encontro anual de primavera. A poucos meses do evento, Las Vegas se tornou um substituto rápido e fácil, e o hotel MGM Grand Marina veio a ser o sortudo anfitrião de 4 mil físicos.[3] Este hotel, agora em novo local com quase 7 mil quartos, era e ainda é o maior hotel nos EUA. Com mais de 12 mil metros quadrados de cassino na propriedade,[4] seu modelo de negócios não é segredo.

Pois adivinhem o que aconteceu.

Naquela semana fatídica, o hotel MGM ganhou menos dinheiro do que em qualquer outra semana de sua história. Será que os físicos sabiam probabilidade tão bem que aumentaram suas chances contra as do cassino no pôquer, na roleta, no *craps* e nas máquinas de caça-níquel, saindo vitoriosos? Não. Eles simplesmente não jogaram.

Os físicos foram imunizados contra a jogatina pela matemática.

A manchete de um jornal de Las Vegas, em 1986, dizia: "Físicos na cidade, menor arrecadação do cassino de todos os tempos". Em nota, afirmava que Las Vegas havia pedido à APS que nunca mais retornasse à cidade (*ver encarte de fotos no fim do livro*).

Comparada a outras aplicações de probabilidade e estatística no planeta, os cassinos, específica e maliciosamente, têm como alvo as nossas fraquezas. Só porque o seu número preferido, digamos 27, não tenha aparecido depois de um certo tempo na roleta não significa que "agora tem que vir" o 27. Os giros não carregam a memória dos giros anteriores, deixando-nos com as mesmas chances em cada um deles. Mesmo assim, todas as mesas de roleta listam os resultados de dezenas de giros anteriores, apenas para alimentar a nossa ignorância de como a probabilidade funciona. Nossos cérebros primatas simplesmente não conseguem lidar com essa verdade.

Veja mais alguns exemplos. Lados opostos de um dado normal sempre somam sete. Seis e um. Cinco e dois. Quatro e três. Sete é também o resultado mais provável ao se rolar um par de dados. O sete da sorte. Mas obter um sete ainda é improvável. Na média, cinco de seis jogadas não nos darão sete. Que tal onze? É uma chance em 18 jogadas de dados. Coisas para saber antes de você permitir voluntariamente, ou inadvertidamente, que um cassino tome o seu dinheiro.

Se por acaso você estiver em uma rara onda de vitórias — ganhar de forma intermitente é exatamente o que alimenta o vício —, o cassino percebe e envia um de seus funcionários para lhe oferecer uma bebida alcoólica por conta da casa. Exatamente do que você precisa naquele momento: meios para distorcer ainda mais sua capacidade de pensar.

Nada disso afasta aqueles que simplesmente gostam de apostar de vez em quando. Toda vez que estou em Las

Vegas, gosto de apostar em várias combinações de 2, 3, 5, 7, 11, 13, 17, 19, 23, 29 e 31 numa mesa de roleta. Essa é a lista completa de números primos da roleta. Estatisticamente, eles são tão bons (ou ruins) quanto qualquer outro conjunto de onze números que se poderia escolher. Se vou perder meu dinheiro em um cassino, que seja usando um pouco de matemática. Eu normalmente separo uns 300 dólares e faço durar por várias horas. Ao voltar do cassino, quando as pessoas perguntam quanto perdi, respondo que ganhei 300 dólares de diversão — mais ou menos o custo de um jantar, vinho e ópera na minha cidade. É curioso, então, que ninguém pergunte quando retornamos do teatro: "Quanto você perdeu?"

Nos EUA, as apostas organizadas são bastante difundidas. A receita dos cassinos em 2021 alcançou um recorde absoluto de 45 bilhões de dólares.[5] Isso é quase o dobro do orçamento anual da NASA para explorar o Universo. Quarenta e cinco dos cinquenta estados oferecem algum tipo de loteria,[6] incluindo o Powerball, em que o público gasta quase 100 bilhões de dólares anualmente tentando ganhar o grande prêmio — ou pelo menos ganhar mais do que gastaram em seus bilhetes. Como era de se esperar, quanto maior o prêmio principal, mais bilhetes de loteria são vendidos. É claro que comprar mais bilhetes aumenta as nossas chances de ganhar, mas os grandes prêmios são normalmente divididos entre os vencedores, então, estatisticamente, nossa fatia diminui com o aumento do número de apostadores.

Em uma competição recente, as chances de ganhar o grande prêmio do Powerball no Tennessee eram de 1 em 292,2 milhões.[7] Muitas pessoas se arriscam, na esperança — até mesmo na expectativa — de ganhar. Apesar de a probabilidade de sermos atingidos por um raio e morrermos em decorrência disso ser 300 vezes maior. Sim, isso significa que é mais provável que sua lápide contenha a inscrição "Morto por um raio" do que "Ganhou na loteria Powerball do Tennessee". Os estados que proibiram os cassinos acabaram dando o seu aval para a prática das apostas feitas em loterias gerenciadas por seus governos.

Enquanto ainda estamos no Tennessee, imaginemos que uma pessoa chamada Clara tenha ganhado na loteria. Ela diz ser boa em prever o futuro. Apesar de seu sobrenome ser Vidente, segue aqui uma manchete improvável de lermos:

CLARA VIDENTE, A PROFETISA DA CIDADE,
GANHA NA LOTERIA... DE NOVO.

A probabilidade de Clara ganhar duas vezes é de 1 em 292,2 milhões multiplicada por 1 em 292,2 milhões. Isso dá 1 em 85 quatrilhões. Só digo isso.

A melhor justificativa que já ouvi para jogar na loteria foi da mãe de um colega astrofísico. De vez em quando, ela compra um único bilhete semanal e durante esses sete dias, à espera do sorteio dos números, ela folheia aqueles livretos chiques de imóveis com belas residências que não estão ao alcance de quase ninguém. Ela fantasia sobre morar na casa que quiser, e esse anseio lhe traz uma alegria temporária, que vale o preço pago pelo bilhete. Quem sou eu para dissuadi-la?

Os lucros recebidos pelo estado, após pagar os ganhadores e os comerciantes dos bilhetes, servem como uma fonte importante de receita que frequentemente é direcionada para programas sociais, principalmente na área da educação — do jardim de infância ao ensino médio —, criando um dilema moral ao votarmos contra essa forma de aposta legalizada em nosso estado. Isso me fez pensar. Probabilidade e estatística são ensinadas nas escolas públicas nos EUA? Pesquisas recentes[8] mostram que a resposta é, no geral, não. Nos poucos lugares onde essas disciplinas são de fato lecionadas, as aulas são dadas como eletivas ou como parte de um curso avançado para ingresso universitário. Se probabilidade e estatística fizessem parte da base do currículo escolar, ensinadas a todos os alunos, ao longo de várias séries, e se a receita da loteria estadual fosse voltada para isso, então a loteria possivelmente iria à falência por ter imunizado seus cidadãos contra ela mesma.

* * *

Há alguns anos, enquanto eu andava pelo Aeroporto McCarran de Las Vegas, tive a típica atitude do escritor vaidoso e parei em uma livraria para ver se um dos meus últimos livros publicados estava exposto. Se estivesse, eu me ofereceria para autografar todo o estoque, aumentando as chances de serem vendidos.

Não consegui encontrar o livro, mas, como apenas corri os olhos pelas prateleiras, posso tê-lo deixado passar. Além do mais, livrarias de aeroportos são minúsculas. E não era um best-seller, então não esperava mesmo que eles tivessem meu livro. Mesmo assim, perguntei delicadamente ao caixa: "Onde fica a seção de ciência?" A resposta foi simples e direta: "Desculpe, nós não temos uma seção de ciência." Minha reação silenciosa naquele momento se tornou meu *tweet* inaugural[9] dentre os milhares que se seguiram e que capturariam meus pensamentos diários aleatórios como educador e cientista — o mundo visto pelas lentes de um astrofísico. Nesse *tweet*, eu escrevi: "A livraria Border Books no aeroporto de Las Vegas não tem uma seção de ciência. Não querem que exercitemos o pensamento crítico antes de apostar." (*Ver encarte de fotos no fim do livro.*)

Se alienígenas espaciais nos visitassem e analisassem o que está acontecendo aqui, poderiam se perguntar que tipo de espécie iria propositalmente explorar as fragilidades de seus iguais, criando uma transferência sistemática de riqueza do apostador para os donos dos cassinos, estejam eles em Vegas ou no capitólio estadual.

Ótima evidência da inexistência de vida inteligente na Terra.

Algumas dessas irracionalidades derivam do nosso ímpeto de nos sentirmos especiais — uma força benigna que cuida de nós fazendo com que coisas improváveis aconteçam a nosso favor. Outro experimento mental: ponha 1.000 pessoas em fila e faça com que elas joguem cara ou coroa. Para uma moeda comum, com 50% de chance de dar cara ou coroa, aproximadamente metade dessas 1.000 vão tirar coroa. Peça que elas se sentem e faça com que as 500 restantes continuem com o experimento. Diga às 250 pessoas que tirarem coroa que se sentem, assim como as primeiras 500. Os números vão variar ligeiramente entre um experimento e outro, mas na média aquelas em pé sairão de 1.000 para 500, para 250, para 125, para 62, para 31, para 16, para 8, para 4, para 2, para 1. Esse resultado é óbvio, mas olhemos mais de perto. Após cinco jogadas, cerca de 30 pessoas terão obtido cara cinco vezes consecutivas, eliminando 970 pessoas. E o que dizer da última a permanecer de pé? Essa pessoa obteve cara dez vezes consecutivas. Isso nunca aconteceu na sua vida, e mesmo assim irá acontecer na vida de alguma pessoa na maioria das vezes que repetirmos esse experimento. Quem a imprensa corre para entrevistar? Não os 999 perdedores, mas aquele 1 em 1.000 que conseguiu dez caras seguidas. Podemos imaginar a conversa:

Repórter ávido: Você achou que ia ganhar?

Vencedor felizardo: Sim. Hoje de manhã eu senti uma energia de caras no ambiente. Na metade do experimento, essa sensação aumentou. Faltando poucas jogadas para o fim, eu sabia que ia ganhar.

Durante essa breve troca, nosso jogador fictício converteu um resultado estatístico completamente aleatório em destino místico. Se você acha que esse experimento é irreal demais para ser relevante, pense no mercado de ações. Ao fim de um dia de negociações (ou semana, ou mês), podemos esperar apenas dois tipos reais de resultados de qualquer índice de mercado ou veículo de investimento em que temos interesse. Pode ser o índice Dow Jones, o índice NASDAQ, ações de tecnologia, criptomoedas, títulos municipais, barrigas de porco, não importa. O dia terminará com o investimento sendo negociado acima ou abaixo do que foi no dia anterior. Pode também permanecer inalterado, mas isso é irrelevantemente raro nesse exemplo. Mais um pouquinho da dura realidade: na expectativa de que o preço irá cair, você vende títulos para pessoas que os compram na expectativa de que o preço irá subir.

Independentemente do que aconteça com o mercado em um dia, a imprensa dará alguma justificativa. Até mínimas variações do dia a dia recebem explicações para justificá-las. Às vezes não dão explicação nenhuma, nem uma perplexidade velada. Considere esta notícia muito comum no universo de investimentos que a rede de TV CNBC, voltada para o mundo dos negócios, tuitou em 10 de dezembro de 2021:[10]

AS MÉDIAS PRINCIPAIS SUBIRAM NA SEXTA-FEIRA, EXPANDINDO A FORTE RECUPERAÇÃO DE WALL STREET ESTA SEMANA, APESAR DE A INFLAÇÃO TER ALCANÇADO A MAIOR ALTA EM 39 ANOS

Se fossem honestos, eis o que a manchete teria dito:

O MERCADO SUBIU HOJE. NÃO TEMOS A
MENOR IDEIA DO PORQUÊ E CONTINUAMOS
ESTUPEFATOS.

Para examinar isso mais a fundo, forme uma fila com 1.000 analistas de Wall Street. Há muito mais que isso,[11] mas vamos ficar só com esses 1.000. Talvez alguns sejam melhores do que outros em ganhar dinheiro. Não vamos tirar isso deles. Eles podem ser bons em prever tendências culturais e em interpretar as incontáveis variáveis simultâneas que podem afetar sua carteira. Isso quase sempre dá resultado. Mas vamos fingir por um instante que o mercado de investimentos seja completamente aleatório. Sendo assim, mesmo que eles usassem dardos para decidir sua próxima estratégia de investimento, 1 a cada 1.000 analistas preveria corretamente o resultado de cada dia em um intervalo de dez dias. Assim como o nosso experimento de cara ou coroa, míseros cinco dias antes, cerca de 30 analistas de mercado teriam previsto corretamente o resultado do mercado por cinco dias consecutivos. São apenas 30 dos 1.000 iniciais. Se entrevistados, os 30 bem-sucedidos e, em especial, o último a permanecer de pé certamente se gabariam de seus insights especiais sobre o mercado. E nós acreditaríamos neles, porque sua performance parece mesmo impressionante tanto aos olhos dos investidores quanto dos analistas, tudo por algo completamente aleatório.

O operador de mercado com maior sucesso no país em determinado ano será também o operador de mercado com maior sucesso no ano seguinte, e no outro também? Isso quase nunca acontece. Um dos vários sites que classificam operadores de mercado,[12] em resposta ao meu pedido por dados antigos, declarou: "Não há a menor chance de você obter os rankings históricos de especialistas no site." Então tomei nota, esperei cinco meses e voltei à lista novamente. Dentre os dez analistas mais bem colocados em julho de 2021, nenhum permanecia entre os dez melhores. As empresas de investimento sabem desse problema e alertam legalmente, nas letras miúdas, que "o desempenho passado não é garantia de resultados futuros".

Se acontecesse de a pessoa em primeiro lugar ser a mesma pessoa todas as vezes, então algo extraordinário estaria acontecendo. Queremos que essa pessoa exista. Precisamos que essa pessoa exista. Ela é prova de que o mundo é reconhecível, e não aleatório. Isso é bom porque não compreendemos o aleatório. A Berkshire Hathaway de Warren Buffett tem tido bons resultados no último meio século, ainda que, desde 1965, tenha terminado onze anos no negativo, dois deles bem ruins. Em 1974, seu valor caiu quase 50% e, em 2008, mais de 30%.[13] O que realmente queremos é um vencedor consistente. Um que não promova a ansiedade de mercado ano após ano. Tal pessoa de fato existiu. Seu nome era Bernie Madoff, com uma sequência de ganhos de décadas que desafiava todas as probabilidades. Ele devia ser bom. Ou devia estar trapaceando. Ou devia ser bom em trapacear. Madoff fugiu com quase 65 bilhões de dólares das economias das pessoas no maior esquema de investimentos tipo pirâmide já feito. Condenado em março de 2009, ele morreu na prisão em abril de 2021, bem antes de cumprir sua pena de 150 anos.

Alguns dizem que o mercado de ações é o maior cassino do mundo. Eu concordo plenamente, exceto pelo fato de que ninguém nos traz bebidas de graça.

* * *

Mesmo quando não estamos visitando Las Vegas, as probabilidades aparecem nas decisões diárias que tomamos. Pense na opinião popular sobre os organismos geneticamente modificados — os OGMs. As reações tendem a ser bimodais, dependendo da posição política da pessoa, o que por si só já é um sinal de alerta. A verdade e a eficácia da ciência jamais deveriam estar correlacionadas às nossas visões políticas. Quem é de esquerda tende a enxergar os OGMs como maléficos, um flagelo nocivo à saúde e à civilização. Cientistas e pessoas de direita[14] tendem a não se incomodar com eles. Uma discussão completa sobre o tema foge ao escopo deste livro, ainda que eu tenha narrado um documentário[15] que explora a ciência dos OGMs bem como as divisões políticas e culturais que eles causaram. Aqui, no entanto, contarei uma historinha estatística para estimular o seu apetite.

A multinacional de agricultura e biotecnologia Monsanto, agora de propriedade da Bayer, desenvolveu uma variante de milho geneticamente modificada que é resistente ao glifosato, um herbicida usado no combate a ervas daninhas e comercializado com o nome Roundup, também desenvolvido por eles. Os cientistas da Monsanto removeram geneticamente a susceptibilidade de seu milho ao glifosato. Essa combinação poderosa — o milho OGM da Monsanto combinado com o herbicida da mesma empresa — permitiu que os fazendeiros pulverizassem suas plantações inteiras e que o herbicida matasse tudo, exceto o milho. A fabricante de sorvetes Ben & Jerry's, de Vermont, usa o xarope de milho como adoçante em alguns dos seus produtos. (Sim, eu também fiquei surpreso ao saber disso.) A notícia de que alguns de seus sorvetes continham traços de glifosato do milho utilizado no xarope criou uma agitação na imprensa. Em resposta, a Ben & Jerry's decidiu eliminar completamente o uso de xarope de milho OGM,[16] ainda que os níveis detectados de glifosato, da ordem de uma parte por bilhão, estivessem bem abaixo dos padrões americanos e europeus. Como muitas pessoas que compram os sorvetes Ben & Jerry's são mais de esquerda — alinhadas com as visões geralmente progressistas da empresa —, a Ben & Jerry's Homemade Holdings Inc. julgou que esse banimento era uma sábia decisão comercial.

Examinemos melhor o que aconteceu aqui. Todas as substâncias que porventura possamos ingerir, comida e outras coisas, possuem uma dose letal calculada associada a elas, medida pelo que é chamado de DL50. Està é a dose por quilograma de peso corporal que, quando consumida, causará rapidamente a morte de 50% das pessoas que a ingeriram. Esses dados frequentemente são obtidos através de testes com mamíferos em laboratório, como camundongos. Há uma outra métrica, chamada Nível Sem Efeitos Adversos Observáveis [NSEAO, na sigla em inglês], que investiga a influência a longo prazo de uma certa substância à nossa saúde e é mais apropriada para tratar da segurança dos alimentos. A DL50 ajuda a dar uma perspectiva diferente. Quanto menor o seu valor para certa substância, mais letal ela é. Dessa forma, tabelas de DL50 podem ser bastante esclarecedoras. Eis uma amostra:

Sacarose (açúcar de mesa)	30 gramas por quilograma
Etanol (álcool comum)	7 gramas por quilograma
Glifosato (Roundup)	5 gramas por quilograma
Sal de mesa	3 gramas por quilograma
Cafeína	0,2 grama por quilograma
Nicotina	0,0065 grama por quilograma

A substância mais letal nessa lista é a nicotina. A cafeína parece ser bem potente também. Beba cerca de oitenta xícaras pequenas de café expresso se você quiser morrer disso. Em seguida, vem o sal. Claramente, então, ser elogiado como o "sal da Terra" nem sempre é uma coisa boa. Este verso de *A Balada do Velho Marinheiro* captura implicitamente a DL50 do sal, contemplado pelo marinheiro sedento, cercado pelas águas salinas do oceano: "Água, água por todo lado. Nenhuma gota que preste para beber."[17]

A substância menos letal da lista é o açúcar, como se poderia esperar. Note que o glifosato é menos letal que o sal de mesa, mas não por uma grande diferença. Na verdade, nada disso nos diz respeito aqui. O que importa é o que acontece com uma pessoa de 70 quilos que toma um sorvete Ben & Jerry's — um fato que calculei, mas releguei ao meu arquivo de Tweets Proibidos, onde permanece, simplesmente pelo tanto de polêmica que iria causar. Nas redes sociais, minha intenção nunca é causar polêmica:

> *Você precisaria ingerir quase 190 milhões de litros do sorvete Ben & Jerry's para que os vestígios do glifosato levassem à sua morte. Mas depois de apenas 10 litros você morreria por causa do açúcar.*

Ben & Jerry's tomou a decisão empresarial correta, se isso protegeu seus lucros. Embora eles também pudessem ter aproveitado a ocasião para ser didáticos — uma lição surpreendente sobre riscos comparativos. Mas isso só funciona se as pessoas estiverem abertas ao aprendizado. Nos tempos modernos, muitos de nós não atendem a esse critério, talvez porque, de acordo com o ensaísta britânico do século XIX Walter Bagehot,[18]

> *Uma das maiores dores para a natureza humana
> é a dor de uma nova ideia.*

No entanto, a continuação de sua citação diz tudo:

Isso é, como dizem as pessoas comuns, tão "perturbador"; faz você pensar que, no fim das contas, seus conceitos preferidos podem estar errados, suas convicções mais firmes, mal fundamentadas. (...) Naturalmente, portanto, as pessoas comuns odeiam uma ideia nova e estão dispostas, mais ou menos, a maltratar a pessoa que originalmente a propõe.

Outra dimensão de risco esquecida é a nossa disposição em abraçar os estudos que nos mostram que nossos hábitos ou dietas podem aumentar ou diminuir as chances de contrairmos câncer. Normalmente, quando tais estudos são publicados, eles dizem em que medida o risco de câncer aumenta ao iniciarmos um ou outro tipo de atividade. O conhecimento do risco basal para aquele tipo particular de câncer é primordial, e mesmo assim raramente damos atenção a essa estatística. Por exemplo, vamos analisar esta frase retirada da página online da Sociedade Americana de Câncer[19] sobre o câncer de cólon: "Cozinhar carnes a altas temperaturas (fritar, assar ou grelhar) produz substâncias químicas que podem aumentar o risco de câncer." A palavra "podem" aparece porque alguns estudos não mostram nenhum aumento no risco. De qualquer modo, ainda que eu goste de selar a carne a altas temperaturas, não quero ter câncer. A página online oferece uma discussão completa de múltiplos fatores de risco, mas não quantifica meu risco basal, nem diz em que medida tal risco será aumentado. No entanto, fuçando em outras fontes, descobri que meu risco de desenvolver câncer colorretal ao longo da vida é de 4,3%.[20] E, a partir de um metaestudo independente de artigos científicos[21], descobri que meu risco aumentado de câncer colorretal a partir daquela linha basal é de cerca de 15%, com uma variação enorme de um estudo para outro. Ninguém quer que sua chance de desenvolver câncer colorretal aumente, muito menos em 15%. O que é claro do ponto de vista matemático, ainda que enganoso na perspectiva da comunicação (principalmente se só lemos as manchetes), é que nossa chance de desenvolver câncer colorretal ao longo da vida não aumentou em 15%. Esse aumento se refere ao nosso risco basal. Se ingerimos carne grelhada a altas temperaturas, nosso risco ao longo da vida aumenta apenas em 0,6 — de 4,3% para 4,9% —, o que é, de fato, um total de 15% de aumento.

Se você faz churrascos com frequência, poderá escolher entre aceitar ou rejeitar esse risco de câncer aumentado em sua vida. Precisamos simplesmente de honestidade e transparência ao informar essas estatísticas se quisermos tomar decisões bem fundamentadas em relação ao nosso estilo de vida.

Outro desafio para o cérebro humano compreender são as ameaças existenciais lentas. Elas são fáceis de negar, pois na maioria das vezes o perigo não está claro nem presente. Se você é uma pessoa que fuma compulsivamente, por exemplo, deve estar ciente de que corre um risco aumentado de morte por câncer de pulmão ou doenças cardíacas. Mas é o seu corpo. É o seu cigarro. E, caramba, vivemos em país livre. Então você aceita o risco de que há uma probabilidade de 1 em 8^{22} de que a sua lápide contenha a frase "Morreu por causa do cigarro".

Só para deixar claro, você está apostando contra um resultado que é muito mais provável do que conseguir ganhar na maioria das apostas de cassino.

Com a ajuda de mais um experimento mental, vamos acelerar as coisas um pouquinho. O mesmo risco de antes, só que numa linha de tempo acelerada e sanguinolenta. Todas as autoridades regionais designam a próxima terça-feira como o "Dia dos Fumantes de Cigarro". A primeira tragada dada por 1 em cada 8 fumantes, aleatoriamente, fará o crânio deles explodir, deixando-os como um corpo decapitado e ensanguentado caído na rua. Se a pessoa continuar viva depois desse dia, pode fumar pelo resto da vida e morrer de outra causa qualquer.

Naquela terça-feira fatídica, as ruas e tabacarias ficariam cobertas com 4 milhões de corpos sem cabeça — número três vezes maior que a soma total das mortes contabilizadas pelos EUA em todos os seus conflitos armados, incluindo as duas guerras mundiais, a da Coreia, a do Vietnã e a Guerra Civil. De fato um dia sangrento, mas o cenário das cabeças explodindo seria muito menos custoso à sociedade, uma vez que esse tipo de morte não geraria custos hospitalares imensos na tentativa de manter vivos os pacientes com câncer terminal.

Se você gosta de fumar, correria esse risco?

Quando exploramos a mesma informação básica — os mesmos dados — de várias perspectivas diferentes, principalmente quando comparamos um risco que aceitamos com outro que rejeitamos, os detalhes relevantes se destacam enquanto os irrelevantes se dissipam. Esses são os primórdios de uma perspectiva esclarecida, alfabetizada cientificamente.

* * *

Equanto à segurança? Todos queremos ter uma vida longa e próspera. Mas e o risco de morrermos prematuramente em decorrência de qualquer motivo por morarmos na cidade em vez de em áreas mais remotas? As grandes cidades sempre foram um antro de crimes e homicídios, mas é nelas que está o mundo dos negócios. Então, por que não viver numa cidade por um tempo, casar, ganhar dinheiro e então mudar para a segurança desses lugares mais remotos para criar os filhos? É para isso que servem os bairros planejados mais afastados: uma forma de escapar de tudo o que há de ruim nos grandes centros urbanos.

Um ótimo exemplo de pensamento ilusório seletivo.

Se esse é o seu raciocínio, a fantasia se sobrepôs à sua busca por dados conflitantes. Tirando o fato de praticamente todos os massacres escolares acontecerem nessas áreas periféricas,[23] se somarmos os riscos letais da vida na cidade *versus* os riscos da vida em qualquer outro lugar, verificamos que estamos mais seguros na cidade.[24] As causas dos possíveis perigos são diferentes, mas a comparação é bastante esclarecedora. Nos bairros afastados, as fatalidades no trânsito são muito maiores do que nos grandes centros, assim como os acidentes em geral (incluindo afogamento), suicídio e overdose de drogas. Tudo somado, em média, suas chances de morrer prematuramente nas áreas exclusivamente residenciais são 22% maiores[25] do que na cidade grande.

Essa análise exigiu simplesmente que déssemos um passo atrás em relação a verdades pressupostas, obtivéssemos uma perspectiva mais abrangente e inquiríssemos os dados de formas diferentes, nenhuma das quais seria possível com a visão limitada por um preconceito, por uma parcialidade ou por um pensamento tendencioso.

Com relação aos tiroteios em massa, uma vez publiquei um *tweet* que deveria ter sido relegado ao meu arquivo de *Tweets* Proibidos, porém imaginei erroneamente que as pessoas se sentiriam aliviadas em saber que tiroteios em massa representam uma fração minúscula de todas as mortes evitáveis no país. Tiroteios em massa são inclusive uma fração minúscula de todas as mortes por armas de fogo, e são as emoções, e não os dados, que determinam as nossas reações a elas. Meu *tweet* foi publicado poucos dias depois do tiroteio em massa de 2019 em El Paso, no Texas,[26] no qual 46 pessoas foram baleadas em um Walmart, 23 delas mortas. Fui instantaneamente crucificado na rede social pela minha insensibilidade com as vítimas e seus entes queridos.

Anos antes, só que muito tempo depois do ocorrido, eu havia feito uma análise similar sobre o número total de mortes nos ataques terroristas de 11 de setembro de 2001, envolvendo quatro aviões. Praticamente 3 mil pessoas morreram naquele dia, e todas tinham a expectativa de chegar em casa para o jantar. Observei que, diariamente, perdemos cerca de 100 pessoas em acidentes de trânsito, o que significa que em 11 de outubro de 2001, um mês depois, havíamos perdido mais pessoas do que o total de mortos no 11 de setembro. Essa estatística continua a se acumular, mês a mês, e não vai diminuir até que decidamos fazer algo a respeito. Continuamos perdendo a cada ano mais de 35 mil pessoas nas nossas estradas, e no entanto as forças armadas americanas gastaram 2 trilhões de dólares na guerra contra o terror,[27] a maior parte no Iraque, exclusivamente por causa das mortes do 11 de setembro. Os EUA estavam enfurecidos e não queriam viver num estado de terror. Esse não foi um cálculo de custo e benefício sobre salvar vidas. Foi um cálculo de custo e benefício sobre como nos sentimos.

Em outro exemplo de fatos *versus* sentimentos, consideremos as soluções propostas para o aumento meteórico na população de cervos que perambulam pelas áreas residenciais no nordeste dos EUA. Os cervos são responsáveis por infindáveis acidentes de carros, causando o ferimento e a morte de várias pessoas, sem falar nos custos astronômicos dos seguros. Uma proposta para combater essa ameaça seria reintroduzir espécies nativas de grandes felinos carnívoros predadores de cervos que outrora povoavam a região.

O que poderia dar errado?

Um estudo de 2016, assinado por nove cientistas especialistas em vida selvagem, elaborou um modelo da relação presa–predador entre pumas e cervos-de-cauda-branca.[28] Eles relataram que em trinta anos uma população próspera de predadores regalando-se com cervos indesejados poderia evitar 21.400 ferimentos, prevenir 155 mortes humanas e poupar 2,1 bilhões de dólares, todos de acidentes de carro que não aconteceriam mais. Naturalmente, os pumas também comem pessoas de vez em quando, sobretudo criancinhas teimosas — a simulação prevê em torno de trinta. Portanto, temos duas opções: 1) introduzir felinos famintos que comerão trinta pessoas a cada trinta anos, ou 2) não introduzir felinos famintos e deixar que os acidentes de carro provocados por cervos aconteçam incessantemente, ferindo milhares, matando centenas de pessoas e custando bilhões de dólares.

Se a prioridade social é salvar vidas, mas a prioridade interpessoal é valorizar nossas emoções, então como equilibramos esses fatores na nossa vida cotidiana? As leis, as legislações e as diretivas nacionais giram em torno disso. Morrer em um acidente de carro provocado por um cervo, mesmo em grande número, pode ser considerado como culpa de ninguém. Mas ser comido por um grande felino colocado lá pelo governo é abominável. Admitimos (ou confessamos?) a nós mesmos que não somos criaturas friamente matemáticas e então enaltecemos nossos sentimentos, sabendo que eles possuem o poder de sobrepujar nosso pensamento racional? Ou suprimimos tudo o que poderia confundir uma decisão racional? Conseguiríamos ou deveríamos permitir que as emoções influenciassem as legislações feitas a partir de dados?

À medida que carros autônomos e outras tecnologias futuristas típicas dos Jetsons ganham espaço em nosso mundo, iremos nos deparar com dilemas semelhantes. Mais de 97% das colisões de trânsito em todo o mundo são causadas por erro humano.[29] Ao passo que carros autônomos jamais ficam embriagados. Eles nunca ficam sonolentos nem suscetíveis à fúria no trânsito. Seus reflexos são praticamente instantâneos. Eles conseguem enxergar obstáculos não iluminados à noite. Conseguem ver através da neblina. Nunca digitam mensagens de texto enquanto dirigem e, ainda que o fizessem, isso não teria a menor importância. Além disso, em uma estrada contendo apenas carros autônomos, se algum automóvel quiser trocar de faixa — a razão de muitos amassados —, o veículo simplesmente compartilha essa informação com os outros ao seu redor, e eles, educadamente, permitem que isso aconteça. Durante essa transição inevitável dos carros controlados por humanos para os autônomos, erros de software ou hardware imprevistos certamente levarão a fatalidades no trânsito. Cada causa irá provavelmente ocorrer apenas uma vez, à medida que os engenheiros atualizarem os softwares para evitar que a mesma situação aconteça novamente. Isso irá sistematicamente baixar a taxa de fatalidade por ano dos carros autônomos para perto de zero.

Carros autônomos podem acabar salvando 36 mil vidas por ano nos EUA. O que faremos emocional, legal ou socialmente, se os carros autônomos ainda assim acabarem matando, digamos, mil pessoas por ano? Nenhum jornalista escreverá um perfil celebratório de cada um dos 35 mil homens, mulheres e crianças aleatórios que não morreram naquele ano em acidentes de carro. E mesmo que escrevessem essa matéria, não haveria consolo para os entes queridos daqueles que morreram. É isso que produz manchetes no *New York Times* como:[30]

A TESLA DIZ QUE O PILOTO AUTOMÁTICO
DEIXA O CARRO MAIS SEGURO.
AS VÍTIMAS DAS COLISÕES DIZEM QUE ELE MATA.

Ambas as partes da manchete são verdade, porém nos falta a capacidade de assimilá-las simultaneamente.

A indústria da aviação nos EUA passou exatamente por isso ao longo das décadas. Por exemplo, nos anos 1990, mais de mil[31] pessoas morreram em acidentes aéreos. A década seguinte, sem incluir os ataques terroristas do 11 de setembro de 2001, teve metade desse número de mortes. Durante o intervalo de dez anos entre 2010 e 2019 (excluindo voos fretados, de carga e privados), 8 bilhões de passageiros voaram em aviões comerciais sem um acidente sequer,[32] embora dois tenham morrido de outras causas.[33] O Conselho Nacional de Segurança nos Transportes analisa cada incidente, fatal ou não, e frequentemente produz resultados que melhoram os regulamentos de segurança para viagens aéreas. Ainda mais impressionante é que, ao

RISCO & RECOMPENSA | 149

longo de décadas, as viagens aéreas têm aumentado. Ao final de 2019 (pré-covid-19), os voos de passageiros em companhias aéreas domésticas tinham aumentado 35% desde 2000.[34] Se a taxa de acidentes fatais na decolagem e no pouso tivesse permanecido inalterada, o total de mortes teria aumentado a cada ano, uma vez que os voos de passageiros aumentaram. Como as pessoas tendem a reagir a números absolutos em vez de à estatística pura, muitos diriam que a indústria da aviação estava se tornando cada vez menos segura, ainda que a verdade fosse o contrário.

* * *

No clássico romance de aventura de Jonathan Swift, escrito em 1726, *As viagens de Gulliver*, uma das excursões feitas por Gulliver o leva a uma ilha fictícia próxima à costa sul da Austrália, povoada por uma raça de cavalos inteligentes e primorosamente racionais chamada houyhnhnm — sim, é assim mesmo que se escreve. Na mata ao redor, circula uma espécie irracional peluda e fedorenta de homem-macaco chamada yahoo. Gulliver percebeu durante uma conversa com os cavalos que, para eles, Gulliver era, em todos os aspectos, muito mais semelhante aos yahoos do que a eles próprios.

Como uma criança nerd, eu lembro que, já na primeira vez que li essa história, quis muito ser como os cavalos racionais. Os pensamentos deles: nítidos e claros. As decisões que tomavam: ponderadas e racionais. Quando fiquei mais velho, descobri por conta própria que são as emoções que governam os sentimentos. Os houyhnhnms são frios e sem emoção. No entanto, sentimentos são um atributo, não uma fraqueza, do ser humano. Assim, os sentimentos podem e talvez devam mesmo afetar nossos cálculos pessoais de risco *versus* recompensa, ainda que isso nos deixe confusos de vez em quando sobre termos tomado ou não a decisão correta. Algo que Joni Mitchell sabia muito bem em 1967:[35]

I've looked at life from both sides now
From win and lose and still somehow
It's life's illusions I recall
I really don't know life at all.

Já olhei para a vida de ambos os lados agora
Da vitória e da derrota, e, ainda assim, de alguma forma
É das ilusões da vida que me recordo
Eu realmente não sei nada sobre a vida.

Tudo o que peço é acesso a dados autênticos e precisos, analisados por todos os lados — livres de preconceitos, parcialidades, tendenciosidades e de visões limitadas — antes de dispor sobre eles as minhas emoções. No fim, precisamos viver com as consequências das nossas decisões. Após recebermos todos os fatos e análises estatísticas, nossas emoções podem desafiar a conciliação com os dados. E tudo bem.

SEIS

CARNISTAS & VEGETARIANOS

Não somos só o que comemos

Na cultura ocidental, os consumidores de carne não costumam ter motivos ou filosofias por trás de suas escolhas alimentares. Eles só apreciam o sabor de animais mortos — à milanesa, fritos, grelhados, curados, assados na brasa, no forno, cozidos a vácuo e defumados. Para alguns, comer carne sempre fez parte da sua realidade e eles não conseguem imaginar a vida de outra forma. Os vegetarianos, por outro lado, sobretudo os que se converteram, dão inúmeros motivos para suas preferências alimentares. As mais comuns são a melhora da saúde e a proteção do meio ambiente. Para outros, é a abominação abjeta do criar, abater e comer seres sencientes. Ou, no mínimo, a necessidade de evitar comer formas de vida capazes de sentir dor. Até as minhocas se contorcem em reação a cutucadas desagradáveis.

Enquanto a maioria é silenciosa sobre o assunto, há sempre aquele vegetariano ferrenho que tenta persuadir os comedores de carne. Seus equivalentes carnívoros são raros, mas não há como negar o estereótipo cultural do homem viril comedor de carne. O que vem à cabeça é uma campanha comercial do Conselho da Indústria de Carne Bovina apresentando o ator James Garner com botas de caubói, acompanhado por um slogan dito em voz grave: "Carne. Comida de verdade para pessoas de verdade." Em um dos seus vários comerciais de TV, ele de fato rejeita os vegetais que se alternam com a carne no seu espetinho, queixando-se de que eles sempre caem na grelha, enquanto a carne permanece firme no palito. Da próxima vez, nada de vegetais. Posteriormente, James Garner viria a sofrer um derrame e acabaria morrendo de doença arterial coronariana — aos 86 anos. Se James Garner não consegue laçar você de volta ao curral carnívoro, então talvez Jesus consiga. Quer refutar as várias alegações de que Jesus teria sido vegetariano? Basta ler o livro *What Would Jesus Really Eat: The Biblical Case for Eating Meat* [O que Jesus realmente comeria: o argumento bíblico para comer carne], resenhado, obviamente, na revista *Beef*.[1]

A maior espécie animal a habitar a Terra está viva atualmente: a baleia-azul, um mamífero carnívoro que se alimenta principalmente de um crustáceo de um centímetro chamado krill — toneladas de krill diariamente. Os maiores animais terrestres hoje também são mamíferos e incluem o elefante, o hipopótamo, o rinoceronte, a girafa, o búfalo-asiático e o bisão. Eles são todos herbívoros. Os ursos-polares também estão na lista, mas são carnívoros. Os ursos-pardos são onívoros oportunistas e comem de tudo, incluindo humanos.

Os animais do mundo são uma mistura de carnívoros, onívoros e herbívoros, e as palavras carnistas e vegetarianos são empregadas apenas em referência aos animais humanos. Isso porque os carnívoros comem apenas animais mortos (ou vivos), enquanto os herbívoros comem apenas plantas vivas (ou mortas). Já os humanos carnistas normalmente comem outras coisas além de carne, como laticínios. Assim como os vegetarianos. Com cerca de 40%, a Índia possui disparado a maior porcentagem e população total de vegetarianos no mundo,[2] o que se deve principalmente às tradições da religião hindu, que incluem a santidade das vacas. O Reino Unido é cerca de 10% vegetariano. Os EUA, 5%. Considerando o rápido crescimento de substitutos de carne de base vegetal e o aumento das opções vegetarianas autênticas nos menus dos restaurantes nos EUA, era de se esperar que o número no país fosse maior. Esses 5% permanecem estáveis há mais de uma década. Até a Argentina é 12% vegetariana, e os argentinos são famosos por comer carne o tempo todo.

Se você é vegetariano, mas elimina também queijo e ovos da sua dieta, assim como leite e mel, você é vegano. Nos EUA, eles somam cerca de 3% da população,[3] número significativamente maior do que o 1% de décadas atrás, mas ainda muito baixo. Some isso ao número de vegetarianos e teremos 8% da população norte-americana que não come carne.

A maioria das pessoas da Terra, assim como os ursos-pardos, come o que tiver para o jantar. Durante os últimos cinquenta anos, a população mundial dobrou e, no entanto, o consumo de carne triplicou,[4] o que acompanha o aumento da riqueza entre as nações que antes não tinham qualquer acesso a essa proteína tão cara. Apesar dos apelos difundidos pelos vegetarianos, os terráqueos estão comendo mais carne do que nunca.

Talvez o carnívoro mais representado em histórias seja o lobo. O "lobo mau" faz uma aparição nos contos de fada *Os três porquinhos* e *Chapeuzinho Vermelho*, bem como no conto russo *Pedro e o lobo*. Quando o lobo carnívoro tenta comer os porquinhos, Chapeuzinho Vermelho ou Pedro, ou, no mundo real, quando uma matilha de lobos derruba um alce majestoso, eles não estão sendo lobos maus. Estão apenas sendo lobos. Eles matam sem qualquer preocupação com a dor e o sofrimento de suas presas. O mesmo se aplica aos peixes — todos os peixes. A resposta à pergunta "O que os peixes comem no oceano?" inclui "Outros peixes". Tirando os peixes menores que comem plâncton, nenhum deles é herbívoro. É isso que explica a concentração persistente e sistemática de elementos químicos pesados como mercúrio e outros poluentes tóxicos industriais encontrados nos enormes marlins e peixes-espada, que estão no topo da cadeia alimentar dos peixes.

Ao assistirmos a documentários sobre a natureza, tenho certeza de que não estou sozinho na torcida pelos indefesos animais comedores de plantas sendo perseguidos por carnívoros de dentes afiados. Não é fácil ser verde. Adoramos quando um antílope saltitante se arremessa para o lado enquanto o guepardo, menos esperto, capota a 120 quilômetros por hora durante uma tentativa frustrada de garantir o jantar. No entanto, guepardos também precisam comer.

Apesar do estado natural das relações predador–presa entre os animais na Terra, mantém-se o argumento de que os animais são sencientes e que nós, como humanos racionais, possuímos a inteligência e os recursos para evitar comê-los, dessa forma respeitando seus dotes neurológicos em detrimento de outras formas de vida. Esse é um pretexto poderoso, mesmo que todos os animais abatidos para serem comidos fossem felizes durante toda a vida.

* * *

Independentemente do que comamos, quando buscamos alimentos próximos de casa, minimizamos o impacto do transporte, o que pode ser melhor para o meio ambiente do que uma simples dieta vegetariana que não se importa com o local onde as plantas foram colhidas. Apesar de o resultado depender de muitos fatores, cujas eficiências estão em constante mudança: a comida é transportada por barco, trem, caminhão ou avião? Quanto se estragou pelo caminho? O motor dos caminhões é elétrico ou de combustão interna? Como a companhia elétrica local gera energia? E quão cultivável é sua região do mundo?

Tirando esses problemas, a produção de carne nos EUA é incrivelmente eficiente. Nos cinquenta estados, por exemplo, consumimos ao todo 9 bilhões de frangos por ano — uma taxa que é três vezes maior que a média mundial. Se fizermos as contas, isso dá um milhão por hora, com cada frango vivendo de 6 a 12 semanas antes do abate. Sim, a cada hora, todos os dias, os EUA chocam, criam, matam, distribuem e comem um milhão de frangos. Ao preço de uns poucos dólares o quilo em alguns pontos de venda, os frangos constituem uma das proteínas mais baratas que encontramos no mercado. Somos bastante eficientes na criação de gado também, apesar de eles demorarem mais tempo — de um a dois anos — para serem levados para o abate.[5] Eles também precisam de muito mais espaço que os frangos, não apenas pelo porte físico, mas também pelo que ocupam na fazenda. Dependendo do tipo de terreno, um bovino que se alimenta de grama precisa de vários hectares de terra[6] para pastar. Não quer que eles pastem? Então atoche todos em currais de confinamento, onde eles produzem montanhas de estrume e rios de urina. O maior desses currais nos EUA amontoa 150 mil cabeças de gado em pouco mais de 3 quilômetros quadrados.[7] Quando estão prontos para o abate, um único animal de 600 quilos irá fornecer até 250 quilos de carne.[8]

O gado é completamente domesticado. Não existem rebanhos selvagens de vacas holandesas vagando pelos campos. Nem gangues selvagens do boi japonês wagyu à espreita nas colinas. Os bovinos modernos foram inventados geneticamente pelos humanos através da procriação seletiva dos, agora extintos, auroques eurasianos, que se assemelhavam ao boi doméstico. O objetivo? Desenvolver primorosamente uma máquina biológica que transforma grama em carne — ou em leite, se preferirmos.

Publiquei uma versão dessa frase no Twitter e algumas pessoas quase perderam a cabeça. Dentre elas, o mais emblemático foi o músico americano e ativista dos direitos dos animais Moby. Em uma publicação em seu perfil no Instagram, ele me repreendeu:

> *Quando um de seus heróis parte seu coração. Neil deGrasse Tyson, é sério isso? Você consegue tweetar isso e fazer pouco-caso do sofrimento indescritível experimentado pelas centenas de bilhões de animais mortos a cada ano por humanos?... Para um físico inteligente, Neil deGrasse Tyson, você fala como um sociopata ignorante.*

A publicação completa do Moby e a minha resposta ainda mais completa estão em outro lugar.[9] O que importa aqui é que a minha afirmação foi a simples expressão de um fato, desprovido de qualquer opinião, junto com a imagem de uma "máquina biológica". Algumas pessoas acharam que o meu *tweet* era pró-abate de animais, enquanto outras, que era um apelo incisivo a que todos nos tornássemos vegetarianos. Mais evidências de que carregamos filtros que influenciam o modo como processamos informações neutras. Moby já se desculpou pelo tom, mas o que é inesquecível é a intensidade de seu ativismo.

A produção de alimentos de origem animal é o orgulho da linha de montagem do mundo industrializado. Você mora em outro lugar? A árvore da vida é bem variada para o jantar, e muitas refeições incluem cavalo, avestruz, ema, canguru e cachorro, bem como répteis e insetos. E não nos esqueçamos dos roedores. No Texas, uma vez comi churrasco de esquilo. Ainda tinha algumas balas de chumbo nele, pois havia sido morto a tiros. Tive de tirá-las da boca, uma a uma. No fim, não sobrou muita carne. E, claro, tinha gosto de frango.

* * *

Peixes não gemem nem gritam. Tampouco derramam litros de sangue quando os abrimos à faca. Talvez seja por isso que escutamos menos sobre o seu sofrimento até chegar à nossa mesa de jantar. O número de espécies de vertebrados e invertebrados que arrancamos dos oceanos, lagos, rios e fazendas de criação de peixes não tem limite. A experiência deles certamente é surreal — estão cuidando da própria vida, nadando livremente em um volume tridimensional de água. O conceito de voar não existe porque, se quisessem ascender da profundidade em que se encontram, simplesmente nadariam até onde querem ir. Esse é o mundo deles. A única existência que conhecem. Então, de repente, um deles é puxado para cima e levado para um universo paralelo. Onde nada é familiar. O céu, as nuvens, o calor do Sol inclemente. A superfície da água era a borda do seu universo oceânico — seu horizonte cósmico. Nenhum deles jamais o viu pelo lado de fora. Apenas por dentro. Logo depois, os que foram puxados começam a sufocar e, após serem arremessados numa pilha de gelo picado, congelam até a morte. E esses são os sortudos. Os azarados acabam sendo lançados de volta ao oceano, onde tentam desesperadamente convencer seus amigos peixes do que aconteceu com eles. Só mais um peixe contando uma história de abdução alienígena.

A eficiência da produção de carne nos EUA e ao redor do mundo se desenrola à custa da felicidade e da dignidade dos animais, sem a menor consideração por sua dor e seu sofrimento. Uma postura cuja origem é totalmente rastreável, dados o nosso ego e a influência bem difundida deste verso do Gênesis:[10]

> E Deus disse: Façamos o homem à nossa imagem,
> conforme a nossa semelhança; e que ele tenha domínio
> sobre os peixes do mar, sobre as aves do céu, sobre os grandes
> animais de toda a terra e sobre todos os pequenos animais
> que se movem rente ao chão.

Com raras exceções,[11] em que uma forma de teologia vegetariana reformula a palavra "domínio" como "governança",[12] essa passagem tem oferecido, por milênios, carta branca para os humanos fazerem o que quiserem com todos os outros animais no planeta — da terra, do mar e do ar. Desde os anos 1970, porém, a ética do tratamento aos animais deu origem a um subcampo inteiro da filosofia acadêmica[13] e se tornou um tema de ativismo perene.[14] Ainda que não nos importássemos nem um pouco com o meio ambiente, poderíamos facilmente justificar a escolha de não comer carne com base apenas nesses fatos.

Como dizemos em matemática, há variáveis separáveis nesse argumento. Imagine se todos os animais consumidos por humanos fossem criados e tratados sem crueldade. Suponhamos ainda que eles levassem vidas plenas e fossem abatidos sem dor. Isso talvez trouxesse algumas pessoas de volta do reino dos vegetarianos, principalmente quando consideramos que matar e comer animais não são exclusividades dos seres humanos. Ramos inteiros do reino animal são totalmente carnívoros: os leões não têm desejo por saladas de couve enquanto estraçalham zebras; as cobras não saem em busca de frutas silvestres; as corujas não cobiçam os brócolis da sua horta.

Se damos valor à senciência, então poderíamos listar os animais pela complexidade do seu sistema nervoso e não comer nenhum deles ou estabelecer algum tipo de corte. Moluscos, tudo bem? E os mariscos? Peixes comuns, podemos comer? Os mamíferos, talvez não. Somos mamíferos. Mamíferos têm cérebro grande e amamentam seus filhotes. E quanto aos insetos? Uma ótima fonte de proteína, me disseram. Já viram algum no microscópio? Um aparelho de baixa potência já serve. O nível de detalhes e as funções de todas as suas partes corporais são impressionantes. Sim, eles também têm cérebro. Mais

CARNISTAS & VEGETARIANOS | 161

pernas do que nós, e muitos também voam. Eles também sabem muito bem como se comunicar com outros de sua espécie. Além de tudo isso, na maioria das vezes em que os observamos, eles estão indo a algum lugar com muita pressa ou estão fazendo algo que parece bem importante.

Por falar em moluscos, nos anos 1970, Ingrid Newkirk, uma moradora de Maryland, certa noite comprou caracóis vivos[15] após ouvir dizer que eram fáceis de cozinhar. Uma preparação básica requer um pouco de alho e vinho branco, que ela tinha à mão e, *voilà*, temos escargots. Durante o trajeto para casa, enquanto ela dirigia, o saco de papel que continha os caracóis havia se desenrolado no banco do carona e ficou exposto à luz. Caracóis têm visão ruim, mas conseguem enxergar a luz, que os atrai.[16] Algum tempo depois, Ingrid olhou para baixo e percebeu que os caracóis haviam rastejado até a borda do saco e estavam todos em fila, olhando-a com seus olhinhos minúsculos, brilhantes, inocentes e tristes, da ponta do par de tentáculos sinuosos em sua cabeça. Naquele instante, Ingrid parou o carro, devolveu-os à natureza e nunca mais comeu caracóis. Em 1980, Ingrid Newkirk viria a ser cofundadora da PETA (Pessoas pelo Tratamento Ético dos Animais), a maior organização no mundo voltada para o bem-estar animal. Portanto, pelo menos para algumas pessoas, moluscos: não.

Eu já vi todo tipo de justificativa para comer ou não comer algum ramo de animais *versus* outros ramos da árvore da vida. Considere também o enorme clamor contra os atuns pescados com rede porque de vez em quando

162 | MENSAGEIRO DAS ESTRELAS

um golfinho, que é mamífero e tem respiração pulmonar, fica preso,[17] sufocando por não conseguir nadar de volta à superfície e respirar. Trágico, de fato. Pessoalmente, eu procuro atum pescado com linha por essa razão. Em meio à profusão de compaixão pelo golfinho morto e todo o *lobby* para salvá-los, onde fica a nossa preocupação coletiva com o atum morto? Não temos nenhuma. Porque eles estão destinados ao sushi ou a pequenas latas de metal nas prateleiras dos supermercados. Imagine se uma delicatéssen começasse a oferecer sanduíches de salada de golfinho em seu cardápio. Manifestantes certamente iriam protestar diante da loja. Não porque a delicatéssen serve sanduíches que contêm frango morto, peru morto, porco morto, gado morto, salmão morto e, pois é, atum morto, mas porque ela serve golfinho morto.

O impulso de tratar de maneiras diferentes as diversas espécies de animais é chamado especismo. Pense em racismo ou sexismo, mas, neste caso, você é tendencioso contra alguns animais simplesmente por causa de sua distância genética dos humanos na árvore da vida ou porque eles são repulsivos ao olhar. Quantos defensores dos animais marcham com cartazes exigindo salvar as sanguessugas, os mosquitos, os carrapatos, as tênias e os piolhos? E quanto ao verme-da-guiné, cujo principal hospedeiro é o homem? Nós simplesmente gostaríamos de vê-los extintos, o quanto antes. Quase ninguém fabrica bichos de pelúcia desses parasitas; no entanto, eles são todos criaturas de Deus, tentando sobreviver como qualquer outro ser vivo. Não se pode culpá-los por não serem mamíferos fofinhos com olhos adoráveis e caudas felpudas.

Aprofundando esse argumento, poderíamos escolher não comer nenhum animal e viver como vegetarianos, mas, quando paramos para pensar, isso é ser especista contra a vida vegetal. Por exemplo, talvez você viva num bairro luxuoso. Você captura um camundongo em seu porão usando uma armadilha sem crueldade. Então você o liberta na natureza. Você se sente bem porque é contra matar animais. O que acabou de fazer, no entanto, foi dar de bandeja mais um petisco para corujas, gaviões, cobras, raposas e outros predadores vertebrados, inadvertidamente selando uma morte prematura para o infeliz camundongo. Sua expectativa de vida é muito maior vivendo sob o calor e a segurança da sua casa.[18] No entanto, para construir sua casa, podem ter sido usadas até cinquenta árvores adultas,[19] cada uma de quase meio século de idade.[20] Elas foram todas derrubadas e trituradas para fabricar as vigas que compõem a estrutura da sua casa, as colunas que a sustentam e o piso de tábua corrida sobre o qual você anda. São 250 toneladas daquilo que já foi uma planta viva e produtora de oxigênio.[21] Um camundongo rechonchudo pesa trinta gramas. Em um único dia, cada árvore produzia até quinze vezes a massa do camundongo em oxigênio vital.

Com o que a própria natureza se importa mais: o camundongo ou a árvore? Quando cortamos uma árvore, ela não sangra? (O que é um autêntico xarope de bordo

164 | MENSAGEIRO DAS ESTRELAS

senão sangue dessa árvore concentrado em trinta vezes?[22])
Quando encobrimos uma árvore, ela não sufoca? Quando
impedimos o acesso a água e nutrientes a uma árvore, ela
não murcha e morre?

E se as plantas acéfalas, no fundo, fossem sencientes?
Esse conceito pode ser difícil de compreender porque
somos influenciados por um chauvinismo cerebral. Os
cientistas da computação moderna encaram desafios
similares ao avaliar se robôs programados por humanos
poderiam um dia se tornar sencientes. Filtrando a ciência da pseudociência na pesquisa sobre a consciência das
plantas, sabemos agora que uma rede de comunicação por
sinais eletroquímicos conecta micróbios, plantas rasteiras,
animais e árvores. Ela se desenvolve sob nossos pés, em um
sistema radicular fúngico da floresta chamado micélio.[23]
Muitos o veem como uma Wood Wide Web, uma espécie
de internet das árvores. Os comportamentos expressos
pelas formas de vida participantes foram comparados por
botânicos a vários estados emocionais humanos, como
dor, alegria, medo e raiva.

O ecossistema do mundo de ficção científica no filme
Avatar (2009) foi em parte inspirado por essas descobertas
— um exoplaneta fervilhando com vidas animais e vegetais
interligadas, que compartilham sentimentos e ideias. Vidas
vegetais sencientes famosas no mundo da ficção incluem
as estranhas macieiras falantes de *O Mágico de Oz*; as
árvores velhas, sábias e contemplativas chamadas Ents
em *O Senhor dos Anéis*; e o pedaço de tronco praticamente
analfabeto e adorável proveniente do Planeta X, chamado

Groot, mais conhecido por suas aparições em Os *Guardiões da Galáxia*, tanto nos quadrinhos quanto na série de filmes. O alienígena encantador do filme ET: *O extraterrestre*, de 1982, levava jeito com a vegetação. Em várias ocasiões, o ET estendia seu indicador aceso e magicamente curava plantas que estavam morrendo. Um talento natural, talvez. Eu sei de uma fonte segura[24] que o ET, na verdade, foi concebido como uma planta senciente e não como um animal.

Esses exemplos são todos de Hollywood. Vamos então conduzir um experimento mental extraterrestre. Suponhamos que um pequeno grupo de alienígenas que retiram toda a sua energia e nutrição de luz estelar e de minerais venham visitar a Terra. O que eles pensariam sobre a vida em nosso planeta? Eles veriam seus primos — tudo o que faz fotossíntese — e se encantariam com sua diversidade taxonômica, das cianobactérias microscópicas em lagos e lagoas às poderosas sequoias do noroeste americano que vivem por milhares de anos. Eles considerariam todos os outros tipos de vida como completamente bárbaras, que matam toda forma de vida para sobreviver. Veriam os seres humanos como os maiores predadores — constantes promotores da violência —, dividindo-se em dois grupos: aqueles que matam e comem animais, e aqueles que matam e comem plantas.

Até em nossas brincadeiras, somos bárbaros. Entre os anos 1950 e 1990, milhões de crianças cresceram assistindo na televisão à ventríloqua Shari Lewis conversando com seu adorável boneco de meias, chamado Lamb Chop, que significa "costeleta de cordeiro". Em 1993, Lamb Chop até deu depoimento perante o Congresso dos EUA em favor da melhoria na qualidade da programação televisiva infantil.[25] Lamb Chop. Um nome fofo até pararmos para pensar por cinco segundos. O boneco é um cordeiro. O nome do boneco é o que acontece com um cordeiro — um carneiro jovem — quando o abatemos, arrancamos suas minúsculas costelas e assamos. Se tivesse um porquinho de estimação, você lhe daria o nome de Carré? Se tivesse um bezerro de estimação, lhe daria o nome de Filé? A mensagem subliminar: Lamb Chop não era um boneco. Lamb Chop era o jantar.

Por mais mórbido que seja, nossos visitantes alienígenas metabolizadores de luz ficariam especialmente enfurecidos com os vegetarianos da Terra por abaterem suas irmãs plantas. Não apenas isso: os humanos comedores de plantas têm um interesse especial pelos órgãos reprodutivos — flores, sementes, nozes e frutos — e os consomem, interrompendo o ciclo de vida das plantas.

Muitos outros mamíferos comedores de frutas se deleitam com esses petiscos, muitas vezes engolindo as sementes de casca dura por inteiro, que então passam, incólumes, por seu trato digestório. A essa altura o animal já se deslocou para novos locais, onde as sementes reaparecem embebidas em fertilizantes gratuitos. A planta disseminou, passivamente, sua presença pelos campos através de uma relação simbiótica com mamíferos famintos. A natureza não é bela? Nós humanos, entretanto, moemos as sementes de frutas e frutos com os nossos molares até formar uma polpa. Aquelas que engolimos por inteiro não propagam o ciclo de vida das plantas porque nós (de um modo geral) não defecamos em prados descampados.

E não paramos por aí. Os humanos bárbaros procuram as versões mais jovens das plantas para a colheita. Por que outra razão a seção de hortifrúti dos supermercados conteria pacotes infanticidas de cenoura, espinafre, rúcula, alcachofra e abóboras em suas versões bebê, além de brotos de feijão. A lista é interminável.

Uma verdade dura sobre a existência humana: todas as nossas três fontes de energia — proteína, carboidratos e gordura — vêm do ato de matarmos e comermos outras formas de vida em nosso ecossistema. Podemos obter do meio ambiente alguns dos nossos minerais necessários, como o sal, mas não conseguimos viver somente de minerais. Dois alimentos triunfam sobre o modo de vida "Preciso matar para sobreviver": o leite e o mel. Combinados, ambos são ricos em proteína, carboidratos e gordura, sem a necessidade da morte de qualquer ser vivo para a nossa nutrição. Se você não metaboliza a luz solar, uma dieta de leite e mel seria a forma menos violenta de se viver na Terra.

Note que o leite e o mel são especificamente excluídos da dieta dos veganos, com base na premissa de que estaríamos tirando o alimento destinado a bezerros e abelhas. Eu imagino que as vacas lactantes e as abelhas não queiram que seu nutriente precioso seja tirado delas, embora possam fabricar mais. Em todo caso, a filosofia vegana prefere que matemos plantas para nos alimentar a que roubemos o leite das vacas e o mel das abelhas.

* * *

Com a velocidade das inovações alimentícias, em breve iremos criar toda uma culinária à base de carne desenvolvida em laboratório. Essas proteínas cultivadas parecem carne e têm gosto de carne porque... são carne. A linha de produção simplesmente não exige que criemos e matemos qualquer organismo vivo. Esses produtos podem ser infusionados com vitaminas, minerais, nutrientes-traço e até sabores feitos por chefs, não precisando ser temperados em casa. Muitas empresas que estão buscando esse mercado são inclusive empresas de capital aberto.[26] Ou seja, o mercado está se aprimorando para que a indústria floresça. Junte leite e mel a essa mistura e, se os vegetarianos cruzarem a fronteira de volta, poderemos ver um futuro para a civilização onde nem plantas nem animais sejam mortos para sustentar a vida dos humanos. Estaríamos assim protegidos na próxima visita de alienígenas furiosos que não comem plantas e de alienígenas furiosos que não comem carne. Tirando a matança que praticamos uns contra os outros, eles podem até nos enxergar como a espécie mais amante da natureza na galáxia.

Existe uma outra diferenciação comicamente real entre comer plantas e comer animais. O produtor de TV bem-sucedido Chuck Lorre, talvez mais conhecido como um dos criadores da série de sucesso *The Big Bang Theory*, costuma publicar o que ele denomina "cartões de vaidade" ao fim de cada episódio. Ele os utiliza para opinar brevemente sobre um ou outro assunto, e eles permanecem visíveis na tela por apenas um ou dois segundos. Esses cartões contêm muito mais texto do que conseguimos ler durante esse tempo, então precisamos procurá-los na internet. Após se desculpar antecipadamente com todos a quem ele pudesse irritar, o cartão nº 536 de Lorre contém o seguinte ataque:[27]

> *Vegetarianos e veganos são fanáticos por mobilidade. Eles acreditam que, se uma forma de vida não se move, é passível de ser morta e comida. (...) Essa filosofia odiosa é baseada na ideia de que movimento equivale a consciência, ou, se você preferir, a um certo grau de sacralidade. (...) É claro que, quando se pergunta isso a vegetarianos e veganos, eles respondem que não, que eles só se opõem a comer carne. Mas o que poderia ser mais carnudo do que um cogumelo? Ou um abacate? Ou uma berinjela? A dura verdade é que eles são covardes que matam e devoram qualquer coisa que não consiga fugir.*

Ele então continua, discorrendo sobre sua preocupação com seu tio Murray, que fica sentado imóvel por horas na frente da TV. Como uma planta, o tio Murray praticamente não se move, então ele pode ser descoberto por vegetarianos e comido. Devo lembrar ao leitor que Lorre escreve *sitcoms* de sucesso. Portanto, essa sátira deve ser vista como entretenimento. Ele é tão bom no que faz que, se digitarmos *The Big Bang Theory* em uma busca no

Google, os primeiros resultados serão sobre o seu programa de TV, e não sobre a teoria do Big Bang. Precisaremos rolar a tela um pouco mais para baixo antes de encontrar qualquer discussão sobre a origem do Universo. Como educador e astrofísico, ainda estou tentando entender se isso é uma coisa boa ou ruim.

A santidade da vida animal, brevemente abordada por Chuck Lorre como uma proclamação vegetariana, possui raízes profundas, embora o polímata holandês do século XVII Christiaan Huygens tenha dado um passo além. Ele agrupou plantas e animais e apresentou uma comparação divina entre eles e o restante da natureza.[28]

> *Suponho que ninguém vá negar, mas há algo mais de Criação, um pouco mais de Milagre na produção e no crescimento de Plantas e Animais do que em pilhas sem vida de Corpos inanimados. (...) Pois o dedo de Deus e a Sabedoria da Divina Providência encontram-se manifestos neles muito mais claramente do que nos outros.*

Talvez seja tudo sagrado. Talvez, um dia, a organização PETA encontre uma organização rival, a PETP (Pessoas para o Tratamento Ético das Plantas). Ou talvez os humanos sejam uma aberração peculiar à ordem natural do Universo. O que nós somos para um urso-pardo ou um urso-polar? Somos seres sencientes com competência para as artes, a filosofia, a ciência e a civilização? Não. Somos carne criada ao ar livre. Cada pedaço nosso. O cartunista Gary Larson e o seu mórbido senso de humor capturaram isso de forma brilhante em um quadrinho que apresenta um urso-polar faminto que abre com os dentes um buraco no topo de um iglu e descreve a refeição entusiasmado para um colega urso: "Crocante por fora e molinho por dentro!"

Querem mais? Em um conto de 1991 publicado originalmente na revista *Omni* e intitulado "Eles são feitos de carne", o autor de ficção científica Terry Bisson faz com que lamentemos o fato de sermos humanos. Somos o assunto tratado numa conversa entre dois alienígenas etéreos, onde um faz um enorme esforço para explicar ao outro que os humanos da Terra são feitos inteiramente de carne. Um trecho de seu diálogo conciso captura o espanto:[29]

Eles são feitos de carne.

Carne?

Carne. Eles são feitos de carne.

Carne?

Não há dúvidas quanto a isso. Nós escolhemos vários, de várias partes do planeta, os levamos para nossa nave de reconhecimento e os examinamos por completo. Eles são inteiramente de carne.

Isso é impossível. E os sinais de rádio? As mensagens para as estrelas.

Eles usam as ondas de rádio para se comunicar, mas os sinais não vêm deles. Os sinais vêm de máquinas.

Então, quem fez as máquinas? São esses que queremos contatar.

Eles fizeram as máquinas. É isso que estou tentando te falar. Foi a carne que fez as máquinas.

Isso é ridículo. Como uma carne pode fazer uma máquina? Você está querendo que eu acredite em carne senciente.

Depois, o primeiro alienígena tenta descrever como os humanos se comunicam:

Sabe quando damos um tapa ou batemos em carne e faz barulho? Eles falam batendo suas carnes uns para os outros. Eles podem até cantar ao esguichar ar através de suas carnes.

Para uma perspectiva mais ampla, consideremos que todas as espécies, grandes e pequenas, na árvore da vida são atores contemporâneos nos ecossistemas terrestre, aquático e aéreo da Terra. O maior organismo conhecido no mundo é uma colônia de cogumelos pesando 35 mil

CARNISTAS & VEGETARIANOS | 173

toneladas (quase dois terços do peso do *Titanic*). Esse fungo gigantesco espreita por debaixo da terra e tem quilômetros de extensão, atravessando as Blue Mountains no Oregon. Se você gosta de nomes em itálico para gêneros e espécies que são difíceis de lembrar e difíceis de pronunciar, ele se chama *Armillaria ostoyae*. Cogumelos ocupam seu próprio reino de vida, que se separou dos animais na história evolutiva depois de o nosso ancestral comum ter se separado das plantas verdes. Os humanos e os cogumelos são, portanto, mais similares geneticamente entre si do que entre qualquer coisa que cresça no reino vegetal.

Talvez seja por isso que costumamos dizer que os cogumelos são "carnudos" — um adjetivo que não costuma ser usado para a couve. De uma forma ancestral remota, estamos mordendo a nós mesmos.

SETE

GÊNERO & IDENTIDADE

As pessoas são mais semelhantes que diferentes

As linhas divisórias na civilização moderna parecem intermináveis. Nós nos classificamos por cor de cabelo, cor de pele, pelo que comemos ou vestimos, pela divindade que adoramos, pela pessoa com quem dormimos, pela língua que falamos, pelo lado da fronteira em que vivemos, e assim por diante. No Universo, os astrofísicos já estão acostumados com esse tipo de exercício. A matéria e a energia se expressam por meio de uma quantidade incrivelmente vasta de propriedades que incluem medidas de tamanho, temperatura, densidade, posição, velocidade e rotação. Em alguns casos, a natureza se separa em categorias que conseguimos definir sem ambiguidades — por exemplo, se uma substância é sólida, líquida ou gasosa. Provavelmente você jamais teve dúvida sobre qual é qual.

GÊNERO & IDENTIDADE | 175

No entanto, até essas distinções têm problemas.

Você já deve ter ouvido, ainda que não seja um morador de regiões montanhosas, que, em grandes altitudes, precisamos aumentar o tempo de cozimento dos alimentos para compensar a menor pressão do ar nesses locais. Mas dificilmente alguém explica o motivo. A temperatura de ebulição de um líquido não é uma constante universal. Ela depende da pressão com que o ar empurra a superfície do líquido para baixo. Se reduzirmos a pressão do ar sobre a água, ela irá ferver a uma temperatura menor, forçando-nos a cozinhar o alimento por mais tempo para compensar. Se continuarmos diminuindo a pressão do ar, o ponto de ebulição continuará baixando. Se reduzirmos a pressão do ar muito abaixo do nível que causa sufocamento e morte, haverá uma pressão e temperatura na qual a água ferve à medida que congela. Sob tais condições mágicas, as fases sólida, líquida e gasosa da água coexistem em harmonia no que é chamado de ponto triplo da água. Por acaso, faixas enormes da superfície de Marte satisfazem essas condições. Então a pergunta "Qual é o estado da água no ponto triplo? É sólido, líquido e gasoso?" tem uma resposta simples: "Sim." Todos os três, simultaneamente. Uma resposta estranha, porém precisa, e que faz total sentido se resistirmos ao ímpeto de compartimentalizar tudo aquilo que nos cerca.

A exigência de que objetos, coisas e ideias se encaixem em categorias distintas aparentemente está enraizada e resulta da nossa falta de habilidade de conviver com a ambiguidade. Você está do nosso lado ou contra nós?

Talvez a resposta esteja em algum lugar no meio — ou em todos os lugares no meio. Lutamos contra isso com todas as nossas forças.

A desconcertante dualidade onda–partícula da matéria perturba muitas pessoas. O termo "ondícula" nunca pegou. Talvez devesse. As reclamações são da seguinte ordem: "É qual dos dois? Tem que ser um ou outro. Eu preciso saber!" A resposta simples é que a matéria se manifesta tanto como onda quanto como partícula. Aceita que é mais fácil.

O infame gato de Schrödinger[1] está morto ou vivo dentro da caixa fechada? Se abrirmos a caixa, iremos descobrir que o gato está ou morto ou vivo. No entanto, a física quântica nos diz que, se não abrirmos a caixa, o gato estará, ao mesmo tempo, tanto morto quanto vivo. Melhor aceitar que é mais fácil também. A natureza não é obrigada a atender à nossa capacidade limitada de interpretar a realidade. Um gato dentro de uma caixa é só o começo. Enquanto você lê isso, a computação quântica está sendo inventada. Um novo tipo de conjunto de circuitos eletrônicos que englobam as incertezas estatísticas e as ambiguidades binárias de problemas da vida real neste mundo. Na computação clássica, todos os cálculos — e todos os dados — exploram o fato de um "bit" ter o valor 0 ou 1. Sim, tudo é feito com 0 e 1. Nosso universo infotecnológico é binário.

A computação quântica, por outro lado, usa "qubits". Um qubit pode admitir os valores 0 ou 1, bem como seus primos clássicos. Mas um qubit também consegue ser uma

GÊNERO & IDENTIDADE | 177

combinação contínua de 0 ou 1: um pouquinho de 0 e um bocado de 1; um bocado de 0 e um pouquinho de 1; quantidades iguais de ambos; e tudo mais que houver no intervalo entre 0 e 1. Na linguagem quântica, chamamos isso de sobreposição de dois estados. Não sabermos se um qubit é 0 ou 1 não é uma falha da computação quântica; é um recurso cobiçado que desafia nosso cérebro binário a assimilá-lo.

No Universo, dois ou mais fatos aparentemente contraditórios podem ser verdadeiros. E quanto à Terra? É possível ser ao mesmo tempo macho e fêmea? É possível não ser nem um nem outro? É possível se mover fluidamente entre ser homem e ser mulher? As preferências sexuais são fluidas também? Talvez sejamos todos qubits macho–fêmea. Para algumas pessoas, essas perguntas são difíceis de processar, imersas em uma cultura que enxerga o mundo como um espaço de categorias rígidas, onde as coisas precisam ser uma coisa ou outra, e não um contínuo.

Uma análise de cores nos oferece um insight. Por questões de simplicidade e conveniência, vamos falar das sete cores do arco-íris — as sete cores do espectro solar visível: vermelho, laranja, amarelo, verde, azul, índigo e violeta. Podemos nos lembrar dessa sequência formando, com a primeira e a última cor, mais as letras iniciais das intermediárias, a frase "Vermelho, lá vai Violeta". Nós adotamos essas sete cores, omitindo ocasionalmente o indigno índigo — restando seis —, como no pavão estilizado e moderno da NBC e na tradicional bandeira LGBT.

O que as pessoas dificilmente falam, mas que os astrofísicos sabem muito bem, é que as cores, desde o vermelho até o violeta, formam um contínuo. Se possuíssemos a precisão visual e o vocabulário correspondente para descrevê-las, conseguiríamos identificar milhares de cores e suas matizes se mesclando perfeitamente. Não encontraríamos nenhuma delimitação clara. As cores da luz compõem uma sequência contínua de comprimentos de onda que carregam também energia e frequência. Quando astrofísicos falam sobre a cor de algum objeto, é com alta precisão, pois fazemos referência a comprimentos de onda específicos da luz, sem recorrer às categorias inexatas de cor que são comumente utilizadas.

A sequência de letras que atualmente é representada pela bandeira do arco-íris é LGBTQIAPN+: lésbicas, gays, bissexuais, transgêneros, *queer* e outros cujas identidades de gênero e orientação sexual não se enquadram nos padrões estabelecidos. Dentre essas palavras, "gay" e "queer" já foram pejorativas. A comunidade e o movimento associado a ela as reivindicaram, removendo o poder que os opressores exerciam quando armados com essas palavras em suas línguas. Segundo a última contagem, há pelos menos 17 designações que diferem das normas sociais,[2] cada uma delas identificando pessoas que não são heterossexuais cisgêneros — designação esta que se aplica às pessoas cujas identidades e gêneros interiores correspondem ao sexo biológico com que nasceram, e cuja preferência de acasalamento é o sexo "oposto". Essa imagem hétero cis era basicamente só o que víamos nos

GÊNERO & IDENTIDADE | 179

roteiros dos filmes e programas de televisão durante a maior parte do século XX. Aqueles que não se encaixavam no modelo não eram apenas personagens coadjuvantes. Eles acabavam sendo alvo de abusos verbais ou físicos em tom de comédia. Na versão de 1961 do filme *Amor, sublime amor*,[3] uma menina chamada Anybodys deseja fazer parte da gangue masculina dos Jets. Ela tem cabelo curto. Tem o rosto sujo. É atrevida. Está pronta para qualquer briga. Usa calças. Não há nada de delicado nesse arquétipo de moleca. Não, eles não a deixam fazer parte dos Jets porque... ela é uma menina. Se você não for um menino, você é uma menina. Uma rápida conversa com Riff, o líder da gangue, junto com A-Rab e outros membros, comunica a rejeição:

Riff: Você não, Anybodys. Cai fora.

Anybodys: Ahh, Riff, você tem que me deixar entrar na gangue... eu sou osso duro de roer. Quero lutar.

A-Rab: De que outro jeito ela vai conseguir fazer algum cara encostar nela?

Riff: Bora, mete o pé, garota! Mete o pé!

A gangue dos Jets: Cai fora!

O mundo era bastante binário naquela época, ainda que víssemos pessoas ao nosso redor, se não nós mesmos, que não se encaixavam.

Essa coisa de menino/menina está enraizada. Você talvez já tenha imaginado que a Bíblia tem um versículo sobre isso:[4]

A mulher não deverá usar roupas masculinas,
e o homem não se vestirá com roupas de mulher, pois Yahweh,
o teu Deus, tem aversão por toda pessoa que assim procede.

Claramente, o Criador do Universo se preocupa com as nossas escolhas de vestuário. Joana d'Arc, uma alma gêmea de Anybodys, foi condenada em 1431, em um julgamento que ficou famoso por mencionar o seu costume persistente de se travestir como uma das ofensas heréticas que a levaram a ser queimada na fogueira.[5]

O impulso em categorizar e criar um "outro" é forte, talvez porque seja mais difícil pensar que um contínuo talvez nos conecte àquela pessoa, ou a qualquer outra pessoa que julgamos diferentes de nós. A própria biologia não nos livra dessa. O caráter supostamente binário do sexo na natureza é sobrestimado e repleto de exceções, não apenas em nós mesmos, mas também no restante do reino animal.[6]

* * *

E quanto à nossa fisiologia? E quanto aos nossos cromossomos — os famosos pares XX e XY que designam de forma distinta a identidade feminina e masculina na maioria dos seres humanos? Quando você decide quem é homem e quem é mulher, quais são os seus parâmetros?

GÊNERO & IDENTIDADE | 181

Eis aqui um experimento que qualquer pessoa pode realizar: em uma manhã fria de inverno no metrô de Nova York, fiquei observando todas as pessoas que estavam sentadas no vagão — um grupo comum, diversificado, a caminho do trabalho. Estávamos todos de casacos quentes, escuros e acolchoados, de modo que não se podia discernir o formato do corpo das pessoas. A única coisa à vista eram as cabeças. Note também que o comprimento de nossas pernas é responsável por praticamente toda a diferença de altura entre os humanos. Sentados, todos temos aproximadamente a mesma altura, e é por isso que os assentos dos motoristas em automóveis possuem uma regulagem para a frente e para trás com uma amplitude muito maior do que para cima e para baixo, quando possuem. Apliquei então a mim mesmo um teste de gênero. Seria eu capaz de identificar aqueles que se apresentavam como do sexo masculino e aquelas que se apresentavam como do sexo feminino apenas a partir de seus rostos? Foi fácil. Mesmo após excluir da amostra aquelas óbvias "cabeças de homem", com suas barbas e carecas. O que me guiou foram as normas sociais para homens e mulheres que eu deveria identificar a partir do que estava visível. Para essa amostra, os dados eram binários. As mulheres, em média, tinham cabelos mais longos. Era mais provável que elas usassem brincos e, se usassem, os brincos eram maiores. As sobrancelhas eram feitas. Também tinham maior probabilidade de usar maquiagem visível, como delineadores, rímel, blush e batom. Também eram mais propensas a usar joias visíveis, como colares, anéis expressivos e pulseiras. Também era mais provável que tivessem as unhas pintadas.

É claro que alguns homens também exibiam algumas dessas características. Mas, ponderando-se todos os fatores, era evidente quem eram os homens e quem eram as mulheres. Foi então que percebi algo: 100% dos sinais que identifiquei eram relativos a características secundárias e terciárias — todas construções sociais. Eu então imaginei todos no metrô sem tais adornos. Uma tarefa difícil, porém não impossível. Ao fazer isso, eu não conseguia mais distinguir um gênero do outro. Existe um rosto canônico de formato feminino ou masculino que me revelaria o gênero? O nariz, a testa, as maçãs do rosto, a mandíbula, os lábios, a boca? Nenhuma tendência identificada. Ao buscar uma literatura sobre o assunto, encontrei elaborações de que os homens possuem mandíbula e sobrecenho mais proeminentes que as mulheres.[7] Junto com observações do tipo: se uma mulher possui essas características, então ela simplesmente tem um rosto masculino, e, se um homem possui traços faciais delicados, ele é feminino. Eles poderiam ter declarado apenas que o espectro dos rostos humanos inclui traços delicados e proeminentes, sem atribuir gênero a eles.

Foi então que me dei conta do enorme investimento que todos nós fazemos na expressão de gênero. Quer parecer mais homem? Quem sabe vale deixar o bigode ou a barba crescer? Mas não deixe de ir à academia para desenvolver alguns músculos. Compre roupas só na seção masculina das lojas de departamento. Os designers de moda já pensaram em tudo para você. Escolha roupas que valorizem o seu novo físico. Quer parecer mais mulher? Elimine os pelos acima dos lábios, entre as sobrancelhas, nas pernas e em outros lugares da sua escolha. Pois todos sabem que os homens são peludos e as mulheres, não. Os seios não são grandes o suficiente? Essa é uma característica importante, porque os homens não possuem seios e as mulheres, sim. Então por que não dar uma turbinada? Use sutiãs que realcem o que você tem, ou faça uma cirurgia para aumentá-los, como mais de 200 mil mulheres fazem por ano nos EUA.[8] Compre roupas apenas na seção feminina das lojas de departamento. Ali saberão com certeza que aparência você deve ter.

Sem essas ferramentas, sem os padrões sociais disponíveis e sem nosso investimento diário na expressão de gênero, o quanto seríamos de fato diferentes uns dos outros? O quão andróginos nos tornaríamos? Com ou sem sobretudo? Acredite se quiser, as renas do Papai Noel exemplificam esse problema. Diferentemente de outras espécies de cervídeos, tanto as renas macho quanto as fêmeas desenvolvem chifres. Assim, num primeiro olhar, todas parecem iguais. Zoologicamente, porém, todas as renas macho perdem seus chifres no fim do outono, bem antes do Natal.[9] Apesar dos nomes — só alguns são femininos[10] — todas as renas do Papai Noel ostentam chifres. Portanto, são todas fêmeas. Isso significa que erraram o gênero de Rudolph.

Tendemos a categorizar as informações mesmo quando recebemos de antemão o conhecimento pleno de que certas características importantes são contínuas e não se prestam a um simples ordenamento. Considere a escala Saffir-Simpson, que divide os furacões em cinco categorias.[11] Não três. Não nove. Não vinte e duas. Elas têm limites claros entre elas, que são medidos pela velocidade mantida pelo vento.

Categoria 1	119 a 153 quilômetros por hora
Categoria 2	154 a 177 quilômetros por hora
Categoria 3	178 a 208 quilômetros por hora
Categoria 4	209 a 251 quilômetros por hora
Categoria 5	excede 252 quilômetros por hora

Algo mágico em relação a esses limites? Na verdade, não. Herbert Saffir, um engenheiro estrutural, e Robert Simpson, um meteorologista, implementaram a escala em 1973. Eles correlacionaram a velocidade dos ventos a danos estruturais sofridos pelas casas e pelos edifícios da época. Até hoje, os meteorologistas aguardam com grande expectativa a mudança de intensidade de um furacão que sobe (ou desce) de uma categoria para outra. Tal mudança é tratada como notícia urgente. Os meteorologistas comunicam: "O furacão Hilda subiu da categoria 3 para a 4." Mas raramente dizem: "O furacão Hilda subiu de baixa categoria 3 para alta categoria 3." Tem mais diferença entre uma categoria 3 fraca e uma categoria 3 forte do que entre uma categoria 3 forte e uma categoria 4 fraca. No entanto, essa distinção se perde porque colocamos a força

GÊNERO & IDENTIDADE | 185

dos furacões em apenas cinco compartimentos. Nenhum problema nisso, mas serve como prova extra de que nosso cérebro não se dá bem com contínuos, preferindo fabricar categorias que a própria natureza não provê.

O correto seria termos quantas categorias? Será que essa é a pergunta certa?

O Universo é vasto e variado, forçando diariamente os cientistas a confrontarem, encaixarem, medirem e analisarem a diversidade de tudo o que existe. Como astrofísico, abracei facilmente a bandeira com as seis cores do arco-íris como um emblema de amplo espectro de todas as pessoas. Novas versões da bandeira exibem mais cores ainda,[12] explicitamente chamando atenção para outros grupos que não se enquadram nos padrões e que ainda não haviam sido reconhecidos. Isso transforma a bandeira que era um símbolo do espectro contínuo em uma representação de grupos distintos. Algum dia talvez descubramos ou, na verdade, afirmemos que as categorias não são de forma alguma distintas, já que o universo multidimensional de gênero se desenrola ao longo de um contínuo, como as cores contidas na luz do Sol. Isso diluirá significativamente o poder dos intolerantes homofóbicos e transfóbicos ao se declararem de alguma forma separados e distintos de outros membros de sua própria espécie.

Muitas pessoas que defendem nossas estimadas liberdades enquanto cidadãos reagem contra qualquer tipo de obrigatoriedade, como máscaras, uso de capacetes, restrições a armas, cintos de segurança e tudo mais que as impeça de viver como queiram. Estranho que muitos desses mesmos indivíduos busquem manter ou criar leis que restrinjam a livre expressão da identidade de gênero de outra pessoa.[13] No entanto, li em algum lugar que a vida e a liberdade eram fundamentais nos EUA — um experimento seminal, iniciado em 1776, sobre como ser um país. Li em algum lugar que a busca da felicidade é algo pelo qual vale a pena lutar. Li também que os EUA eram a Terra da Liberdade. Nada disso pode ser verdade até que os participantes desse experimento abracem o pensamento racional, elevando-se e olhando para trás, a fim de reconhecer as hipocrisias que infectam seus pensamentos e decisões. Imagine como o mundo seria livre se todos nós fizéssemos um juramento "hipocrítico":

Eu jamais alegarei possuir padrões morais ou crenças que não correspondam ao meu próprio comportamento.

OITO

COR & RAÇA

De novo: as pessoas são mais semelhantes que diferentes

No início do século XX, descobrimos que as estrelas podem parecer bastante diferentes umas das outras quando analisamos seus espectros. Nessa época, uma sala repleta de computadores classificou dezenas de milhares de estrelas pelo seu "tipo espectral", armazenando-as em quinze categorias representadas por letras: de A a O. Com dados melhores e com a emergente compreensão da física quântica, essas categorias foram então selecionadas e subdivididas em dez subcategorias numeradas, bem como outras nove categorias representadas majoritariamente por numerais romanos, que indicam o estado evolucionário da estrela. Nas últimas décadas, vários outros tipos espectrais abrigaram estrelas bem pálidas que ainda não haviam sido descobertas quando os dados originais foram compilados Um sistema de códigos com três dúzias de novos símbolos viria a atender a características altamente incomuns ou peculiares de uma estrela antes considerada comum.

Essa sala repleta de computadores era composta por vida senciente à base de carbono — mulheres fluentes em linguagem computacional e letradas cientificamente, contratadas pelos homens do Observatório de Harvard para executar as medidas entediantes e a contabilidade de todos os dados.[1] Mal sabiam esses homens que a classificação espectral não era apenas um ato de catalogar dados; ela estabeleceria todo o subcampo da evolução estelar. Sexismos à parte, estamos cientes de que as estrelas na Galáxia e em todo o Universo representam um contínuo de propriedades que dividimos em centenas de compartimentos para a nossa conveniência conversacional e científica. O Sol, caso você tenha se perguntado, pertence à classe espectral G2V. E a Polaris, a Estrela do Norte (também conhecida como Estrela Polar), à F7I.

De volta à Terra, muitos lugares irão rotular a cor da nossa pele como preta, branca ou marrom. E pronto. Quando descrevemos para a polícia alguém que flagramos cometendo um crime, eles esperam que selecionemos uma dessas três categorias. A impressionante variação das cores de pele no mundo todo foi reduzida a apenas três tons, e aparentemente todos estão de acordo com isso. Talvez possamos adicionar vermelho e amarelo, para incluir os povos originários das Américas e os asiáticos, embora a pele de nenhum de nós tenha essas cores. Pessoas brancas não desaparecem ao passar em frente a montes de neve. E, ainda que a cor da pele possa ser bem escura, ninguém é preto puro. Duvido que você já tenha visto alguém vermelho-bombeiro ou amarelo-limão. Portanto, nossas categorias de cores são simplesmente preguiçosas e alimentam quaisquer tendências racistas que porventura possamos ter. Veja que a mãe do presidente Barack Obama era uma norte-americana branca com ancestralidade europeia. O pai dele, nascido no Quênia, era literalmente afro-americano. Obama nasceu com uma cor de pele que ficava entre os dois — uma pessoa negra de pele clara. Nos EUA, Obama foi o primeiro presidente americano negro. Agora, imagine Obama como o líder de um país africano. Se invocarmos o raciocínio simétrico, a população desse país poderia justificadamente vê-lo como seu primeiro presidente branco.

Na astrofísica, temos uma palavra para a refletividade de uma superfície: "albedo". Nós a invocamos frequentemente ao analisarmos o quanto da energia solar a superfície de um planeta absorve, comparada à que é refletida pelo topo das nuvens ou por uma topografia reluzente. Uma superfície com um albedo de 0 absorve toda a energia incidente. Um albedo de 1 a reflete completamente. O albedo da Terra, após uma média sobre todas as regiões e todas as estações, contabiliza cerca de 0,3, o que significa que refletimos 30% da energia solar e absorvemos 70%. A energia que um planeta absorve regula o clima. Algumas pessoas querem resolver o problema do aquecimento global não pela redução das emissões de gases de efeito estufa, mas através da injeção de partículas refletoras na estratosfera.[2] Isso irá aumentar o albedo da Terra e reduzir a quantidade de luz solar disponível para a absorção da Terra.

Se quiséssemos realmente documentar o tom claro ou escuro da pele das pessoas, poderíamos medir o albedo de cada um. Isso revelaria quantitativamente o fato óbvio de que um contínuo de refletividade se manifesta entre os humanos no mundo. Um estudo com populações indígenas muito antigas, comunidades que têm vivido no mesmo lugar por milhares de anos, revela uma forte correspondência entre a latitude na Terra e o quão escura é a sua pele.[3] Quanto mais perto do equador, onde a luz solar é mais intensa, mais escuro será o tom da pele. Quanto mais longe dele, com uma maior proximidade dos polos, mais claro será o tom da pele. Seguindo esse parâmetro, sendo Papai Noel um nativo do Polo Norte, ele seria a pessoa mais branca que já existiu. Os esforços ocasionais em retratar um Papai Noel negro, ainda que motivados pela nobre busca da inclusão, simplesmente não batem com a realidade. O mesmo raciocínio se aplica à imagem de um Jesus branco. Originário da ensolarada Nazaré (latitude 33° norte), Jesus teria muito provavelmente uma pele vários tons mais escuros do que a forma como é retratado nos afrescos renascentistas e nos filmes de Hollywood.

O mapa de cores de pele nativas do mundo se correlaciona com a quantidade de luz ultravioleta nociva do

Sol que alcança a superfície da Terra naquela latitude.[4] Sabemos que o pigmento molecular chamado melanina — o ingrediente ativo da pele escura — é capaz de dissipar 99,9% da luz UV. Sabemos também que a luz UV pode destruir células da pele, levando a queimaduras solares e até mesmo ao câncer. Os pigmentos da pele surgiram como uma característica adaptativa fantástica da evolução humana que pode, de fato, ser obtida através de diversos caminhos genômicos diferentes.[5] Ainda assim, as pessoas insistem em classificar nossa espécie em algumas poucas cores apenas.

Estranho, porque no corredor de produtos para cabelos nas farmácias encontramos pelo menos umas cem cores de tinturas, cada uma com um nome peculiar, como castanho crepúsculo, preto infinito, louro avelã, marrom sedução, acaju púrpura, vermelho superintenso, borgonha vibrante, cereja, amora e chocolate acobreado. Esse é apenas um subconjunto de uma linha de cores de tinturas para cabelos dentro de uma marca.[6] Além disso, o corredor dos produtos de maquiagem faz de tudo para oferecer opções que combinem perfeitamente com a sua cor de pele. Como a maior parte desses produtos tem por finalidade se ajustar ao tom de pele natural, as empresas de cosméticos são forçadas a pensar nas cores de pele como um contínuo. O maquiador profissional — um verdadeiro artista — muitas vezes mistura uma gama de cores de base para acertar a sua cor. Pense nisso como uma sobreposição de estados, pegando emprestada a terminologia quântica. Os produtos de maquiagem normalmente não fazem referência a palavras, mas a números ou códigos, que se prestam a muito mais precisão e nuances, exatamente como a classificação espectral das estrelas. Graças às sessões de maquiagem que antecedem minhas aparições em programas de televisão, sei que na linha de cosméticos da MAC, o corretivo que se aproxima mais do tom da pele do meu rosto é o NW43. Além da maquiagem, os verdadeiros reis das cores são os decoradores de interiores. Está em dúvida de com qual cor vai pintar suas paredes? A Benjamin Moore tem uma lista com milhares e milhares de matizes[7] para a sua escolha, sem falar na centena de tons tanto de branco como de preto — todos com nomes criativos acompanhados por um código numérico. Mais provas de que se quiséssemos, e nos esforçássemos, conseguiríamos dispor de mais do que algumas poucas categorias de cores para descrever a cor da pele das pessoas para a polícia.

Por que classificar pela cor da pele, a menos que planejemos invocá-la de algum modo? Se um grupo oprime outro, inadvertida ou propositalmente, é bom ter acesso a dados confiáveis sobre quem está oprimindo quem para que se possa corrigir o problema. Com os mesmos dados, no entanto, pessoas nefárias no poder podem querer aumentar a desigualdade, que foi exatamente o que aconteceu com o apartheid na África do Sul. A Lei de Registro Populacional de 1950 codificava a cor da pele em branca e preta, com várias subcategorias de "pessoas de cor", que incluíam miscigenados e asiáticos, permitindo que uma minoria branca no poder estabelecesse leis que prescreviam e estratificavam as liberdades sociais, políticas, educacionais e econômicas de cada população de formas diferentes.

Será que o ódio ao outro se deve só à cor da pele diferente? Aparentemente não. Tanto a Primeira quanto a Segunda Guerra Mundial na Europa foram basicamente pessoas de pele bem clara matando outras pessoas de pele bem clara, produzindo um total de mortos superior a oito milhões. Parece que as diferenças de língua, etnia, política e valores culturais alimentaram os conflitos mais do que a cor da pele. Onde isso para? Os trinta anos de derramamento de sangue dentro da Irlanda do Norte, conflito chamado de Troubles, foram basicamente uma luta política pelo controle da região. As facções rivais terminaram por se dividir entre católicos irlandeses e protestantes irlandeses. Porém, vistos de longe, tanto étnica, geográfica, nacional quanto estratosfericamente, eram cristãos brancos procurando motivos para massacrar outros cristãos brancos. Mais de 3.500 pessoas morreram durante esse período — um lembrete gritante de que, embora a cor da pele possa transformar as pessoas em alvo fácil do ódio, esse não é um pré-requisito para o desejo de matar.

O movimento dominante nos EUA e ao redor do mundo para expurgar estátuas públicas de pessoas com passados racistas alcançou o auge após o assassinato de George Floyd, no dia 25 de maio de 2020, por um policial de Minneapolis. Em 2020, mais de cem monumentos foram removidos, em sua maioria comandantes da Guerra Civil Confederada — todos de farda, muitos em cavalos. Estátuas como essas, principalmente aquelas que ficavam de guarda na Monument Avenue, em Richmond, Virgínia, me fazem lembrar da escravidão. Já avançamos muito desde a Guerra Civil. Eu até recebi um título de doutor honorário da Universidade de Richmond. Durante a minha vida, alcancei o que certamente era inimaginável para cada um desses líderes confederados — e recebi honras por isso no berço do Sul dos EUA, local de nascimento do general Robert E. Lee.

Sim, isso é o progresso, mas, seja como for, essas estátuas evocam em mim a era mais sombria do país. Eu não me deixo debilitar por esses pensamentos, mas eles representam um tipo de imposto socioemocional que eu pago. Talvez todos esses homens fossem integrantes gentis e nobres de suas comunidades. Talvez eles fossem cristãos pios e frequentassem a igreja todos os domingos. Talvez eles ajudassem a resgatar gatos de árvores. Tudo isso pode ser verdade. Não foi por isso que essas estátuas equestres foram erguidas em sua homenagem. Os soldados são lembrados por defenderem o modo de vida sulista de uma incursão de agressores nortistas. Mas não há um modo de vida sulista que não esteja em conjunção econômica e cultural com o destino de quatro milhões de africanos escravizados — nada menos que um terço da população do Sul.[8] Manter a hierarquia requer um sistema de crença endêmica de inferioridade racial, incluindo leis que impediam a educação das pessoas negras. Uma medida chave para quem quer se sentir superior: não ter pessoas negras estúpidas e inferiores que sejam mais cultas que você andando por aí.

As poucas frases abaixo dizem tudo, proferidas em 1836 em um discurso de duas horas de duração no Congresso, em defesa da escravidão, por James Henry Hammond, deputado da Carolina do Sul. Para ele, a escravidão era:[9]

> ... a maior de todas as grandes bênçãos que uma Providência bondosa concedeu à nossa gloriosa região. Pois sem [escravidão], nosso solo fértil e nosso clima frutífero nos teriam sido dados em vão. Sendo assim, a história do curto período durante o qual nós a desfrutamos tornou nosso território sulista notório por sua riqueza, seu talento, suas maneiras.

Esse conhecimento impede que eu veja estátuas de militares confederados como lembretes pitorescos de um passado bucólico e agrário. Tampouco elas geram simpatia por uma causa nobre e perdida. Sem o comércio de escravos africanos, não há plantações romantizadas para alimentar as lembranças cor-de-rosa que os sulistas têm de si mesmos.

Em meio a esse movimento para desmantelar ou realocar as estátuas, surgiu a bem-sucedida moção ao Museu Americano de História Natural[10] para remover a enorme estátua que James Earle Fraser fez de Theodore Roosevelt, posicionada bem em frente à entrada principal. (*Ver encarte de fotos no fim do livro.*) Roosevelt ocupou, nessa ordem, os cargos de comissário de polícia de Nova York, governador do Estado de Nova York, vice-presidente dos EUA e, é claro, presidente, ocupando este cargo de 1901 a 1909. Depois da Estátua da Liberdade, a estátua de Roosevelt do museu é uma das maiores em toda a cidade de Nova York. Ele está montado em um cavalo majestoso com um dos cascos levantados — código equestre para indicar que serviu nas forças armadas. Apesar de ele ter sido coronel do exército dos EUA, não está de farda, nem usando o terno e o colete presidenciais, mas de roupas informais com as mangas arregaçadas. Então, qual o motivo da controvérsia? Seria algo que ele falou? Eis um trecho memorável de uma declaração sua feita ao Clube Republicano de Nova York, em 1905, sobre o tema daqueles desafortunados o bastante para terem nascido com a pele escura:[11]

> O problema é ajustar as relações entre duas raças de diferentes tipos étnicos de modo que os direitos de nenhuma delas sejam restringidos nem comprometidos; que a raça atrasada seja treinada para que venha a possuir a verdadeira liberdade, enquanto a raça avançada consiga preservar ilesa a alta civilização forjada por seus antepassados.

Lembre-se de que, nessa época, os republicanos tinham uma visão relativamente progressista da sociedade e do mundo. Aqui, Roosevelt não quer reescravizar as pessoas negras. Ele quer que elas participem do sonho americano, em qualquer nível que sua moralidade e seu intelecto retrógrados permitissem.

Roosevelt era um homem culto. Embora certamente pudesse ter fomentado tais pensamentos por si mesmo, essas ideias foram profundamente infundidas pela escola predominante da eugenia — o estudo acadêmico de como criar uma raça melhor de humanos através da reprodução das características boas e da supressão das ruins. Como? Simplesmente desencorajando pessoas indesejáveis de terem bebês ou, no caso de um diagnóstico de "mente fraca" feito por um eugenista, esterilizando-os para evitar que se reproduzam. Esse ramo da biologia social — com advogados proeminentes em instituições de prestígio, como Harvard e até no Museu Americano de História Natural — influenciou políticos, leis, regras de imigração e a ordem social dos EUA por décadas.[12] Esse movimento deu até sustentação para as políticas sociais da Alemanha nazista. Como Roosevelt era fruto de seu tempo, vou fazer uma concessão a ele e empurrar a maior parte da culpa, se não toda, para os meus colegas cientistas de outra área — de outra geração.

De qualquer forma, não foram as citações raciais de Roosevelt que inspiraram sua estátua. Além de ter ocupado altos postos, ele escreveu extensivamente sobre estadismo, conservação, exploração e o valor da vida selvagem. Durante a sua presidência, ele separou 230 milhões de acres de terra pública, dando origem ao Serviço Florestal dos Estados Unidos. Esses e outros princípios são a razão de ele ser o padroeiro do Museu Americano de História Natural, com uma rotunda enorme na entrada principal coberta por citações emocionantes de suas declarações — nenhuma delas exaltando a supremacia branca.

A estátua também memorializa duas outras pessoas. Um negro africano e um indígena norte-americano, estoicamente de pé, em vestes nativas, cada um de um lado de Roosevelt e seu cavalo. Vistos pela ótica e sensibilidade modernas, essa representação é abominável. Ninguém nos dias de hoje sonharia em representar um homem branco em um cavalo com pessoas oprimidas e desfavorecidas ao seu lado. O que raios eles tinham na cabeça?

Essa é uma pergunta retórica. Sabemos exatamente o que se passava pela cabeça do escultor e da sociedade da época. A estátua foi encomendada em 1925 e inaugurada em 1940, então consideremos alguns fatos:

- O negro africano e o indígena norte-americano apresentam-se orgulhosos e distintos em sua postura e expressão facial. Ambos são musculosos e quase majestosos.

- O negro africano e o indígena norte-americano olham para a frente, para um lugar distante. Na mesma direção que Roosevelt.

- Naquela época, dos anos 1920 aos anos 1940, praticamente todas as outras representações de negros e indígenas eram caricaturas constrangedoras — em livros, filmes, quadrinhos e desenhos animados — destinadas a fazer as pessoas brancas rirem e se sentirem superiores.

- Naquela época, quase nenhuma estátua de pessoas negras ou indígenas norte-americanas era erguida em qualquer lugar, exceto as feitas de latão, retratando diminutos jóqueis negros do lado de fora de clubes e restaurantes exclusivos, e as de indígenas de madeira colocadas na frente de tabacarias durante o horário comercial.

- Já viram alguma outra estátua de um presidente dos EUA com uma pessoa qualquer ao lado? São raras. Três me vêm à mente. (1) Uma de 1997, no Memorial Franklin Delano Roosevelt em Washington, D.C., da autoria de Neil Estern, que retrata FDR com seu cachorro, um terrier escocês chamado Fala. Se excluirmos cães da categoria pessoas, então (2) FDR novamente, em uma escultura de 1995, feita por Lawrence Holofcener, intitulada *Allies* [Aliados], sentado ao lado de Churchill em um banco na Bond Street,[13] em Londres, embora Winston não seja exatamente uma pessoa qualquer. Por fim, (3) uma escultura de 1876 feita por Thomas Ball no Lincoln Park, em Washington, D.C., intitulada *Emancipation* [Emancipação], na qual a mão esquerda de Abraham Lincoln se estende *à la* Jesus sobre a cabeça de um africano escravizado, ajoelhado e algemado. Erguer uma estátua desse tipo logo após a Guerra Civil Americana pode ter parecido o correto a se fazer, mas, vista com os olhos de hoje, é vergonhosamente indulgente.[14]

- Em 1940, se você visse negros e indígenas como pessoas inferiores e se Teddy Roosevelt fosse seu herói, você certamente acharia que as duas figuras de pé feitas pelo escultor eram um ato de difamação imperdoável. Como ele ousava manchar a reputação de Roosevelt com a representação desses humanos inferiores?

- John Russell Pope, o arquiteto do novo edifício do museu atrás de Roosevelt, descreveu os três homens da escultura como um "grupo heroico".

- E quanto ao que James Earle Fraser, o próprio escultor, disse:[15]

    As duas figuras ao lado [de Roosevelt] são guias que simbolizam os continentes da África e da América, e, se preferir, pode significar a cordialidade de Roosevelt com todas as raças.

Como cientista e educador, eu me importo menos com opiniões do que com a capacidade das pessoas de pensar sensata e racionalmente sobre todos os dados relevantes que possam fundamentar essas opiniões. Lembrando também que nossas opiniões se formam num contexto de costumes sociais e culturais em constante transformação. Ao ter uma perspectiva completa sobre a estátua, fico feliz por vê-la removida, simplesmente porque ninguém conceberia tal estátua hoje, e essa é a prova dos nove para qualquer acusação que eu procure fazer. A estátua vai ficar em Medora, Dakota do Norte, o local da nova biblioteca presidencial de Teddy Roosevelt.[16] Meu desejo é fazer um leve aceno com a cabeça de perdão ao passado enquanto encaro o futuro com interesse, imaginando como as criações mais progressistas de hoje parecerão aos nossos descendentes, cada vez mais esclarecidos, daqui a cem anos.

* * *

Por que alguém ia querer se sentir superior aos outros? Certamente, a única ocasião em que se justifica olhar alguém de cima é quando estamos ajudando a pessoa a se levantar. Por não ser psicólogo, não reivindico nenhum insight especial além de compartilhar minha própria observação. O que é evidente é que algumas pessoas se sentem bem quando acreditam que outras pessoas são inferiores a elas, em qualquer aspecto que valorizem, o que pode incluir riqueza, inteligência, talento, beleza ou nível de instrução. Se acrescentarmos força, velocidade, graça, agilidade e resistência, teremos compilado a maioria dos critérios que as pessoas usam para se comparar às outras, seja informalmente ou em espaços institucionalizados. As Olimpíadas devem sua existência à busca pelas pessoas mais rápidas, que saltem mais alto e que tenham mais força entre nós. Provas padronizadas, programas de jogos na televisão, concursos de beleza, shows de talentos e a lista *Forbes 400* colocam humanos contra humanos em um ranking. A sociedade oferece centenas, se não milhares de maneiras de você mostrar que é melhor que os outros.

O que acontece quando o seu senso de superioridade se aplica não apenas a um indivíduo que você acabou de vencer, digamos, em um jogo de xadrez, mas a um segmento populacional inteiro? Pessoas que, em sua maioria, você não conhece e nunca vai conhecer. Você se sente superior porque alguém lhe disse que não havia problema em se sentir assim — seus pais, ou alguma autoridade política ou social. Você pode esperar que o viés cultural seja transmitido de uma geração para a seguinte, ou que delírios nacionalistas se sobreponham ao pensamento racionalista. Você pode ainda se deixar convencer por algum porta-voz de Deus de que a sua religião é melhor que todas as outras. Mas o que acontece se um cientista credenciado lhe disser que você é superior? Você aceitaria essa conclusão, surfando na sensação que isso gera, ou exploraria fontes possíveis de parcialidade?

Como seria de suspeitar, entre os ramos da investigação científica, aqueles mais suscetíveis ao preconceito humano são campos que estudam e julgam a aparência, a conduta e os hábitos de outros humanos. No topo da lista, encontramos a psicologia, a sociologia e, sobretudo, a antropologia. Se quiserem restabelecer e preservar sua integridade, essas áreas precisam contar com níveis extras de revisão por pares e divulgação, com o propósito expresso de identificar vieses, preconceitos, parcialidades e tendenciosidades.

Como os humanos não são objeto de estudo da matemática e das ciências físicas, essas áreas tendem a resistir a esse flagelo. Isso não significa que os próprios pesquisadores não possam ser misantropos racistas ou sexistas. Tampouco significa que não exista preconceito nessas áreas. Significa apenas que descobertas cósmicas, e o que vai parar nos livros escolares, são menos suscetíveis a sentimentos de superioridade.[17]

O mais próximo de um conceito não inclusivo que encontrei durante minha formação em matemática e física foi o teorema da "bola cabeluda"[18] da topologia algébrica, demonstrado em 1885 pelo matemático e físico teórico francês Henri Poincaré. Esse teorema desfruta de várias reformulações coloquiais, como "não se pode pentear o cabelo de uma bola de boliche". Traduzido com maior precisão: se penteássemos uma esfera cabeluda, não importa o quanto a penteássemos, haveria sempre pelo menos um ponto restante onde o cabelo não saberia para qual lado ir — sempre haverá ao menos um redemoinho na bola.

O teorema é verdadeiro, mas a referência ao ato de pentear cabelos é ingenuamente tendenciosa. Eu penteio o cabelo na minha cabeça de bola de boliche todos os dias. Faço isso com um pente afro, que levanta os fios de cabelo do meu couro cabeludo. Se eu não tivesse rosto ou pescoço, e minha cabeça fosse apenas uma esfera, eu conseguiria facilmente pentear meu cabelo sem a preocupação de ter um único redemoinho surgindo. É tudo redemoinho. Se Poincaré e todos os outros ostentassem um "black power", ele sem dúvida ainda teria demonstrado o teorema, mas talvez sem fazer referência a penteados.

Em outro exemplo, minha esposa, que é Ph.D. em física matemática, percebeu rapidamente que muitos cosmólogos se agarram à ideia de que talvez vivamos em um Universo de estado estacionário, apesar de há bastante tempo os dados obtidos pelos principais telescópios terem deixado claro que não vivemos. Já aprendemos que nosso Universo em expansão, nascido de um Big Bang, pode algum dia colapsar de novo e talvez continue infinitamente nesse ciclo. Ela se perguntou se os cosmólogos estacionários, cuja maioria nunca menstruou, teriam dificuldade de compreender ciclos — algo com que metade da população mundial convive durante a maior parte da vida adulta.

Em uma das minhas aulas de eletromagnetismo da faculdade, no fim dos anos 1970, ao aprender a fórmula que relaciona carga (**Q**), capacitância (**C**) e voltagem (**V**) nos circuitos elétricos, o professor-assistente, com a memória ainda fresca do Vietnã, nos apresentou um mnemônico simples para que nos lembrássemos da equação: $Q = C \times V$. "Nossa **Q**uerela é **C**om os **V**ietcongues." Infelizmente, nunca mais me esqueci disso.

Outro exemplo: o resistor é um elemento muito comum de circuitos cujo valor de resistência é codificado pelas cores do arco-íris em unidades de "ohms". (O porquê de nunca terem colocado o valor numérico no próprio resistor me intriga até hoje.) As tiras de cores são: Preto–Marrom–Vermelho–Laranja–Amarelo–Verde–Azul–Violeta–Cinza–Branco. Combinações diferentes dessas cores indicam valores de resistores diferentes. Nada poderia estar mais preparado para ser mnemonizado do que isso. A Wikipedia lista dezenas de mnemônicos em uma entrada exclusiva sobre esse tópico.[19] Por exemplo: **P**etúnias **M**aravilhosas **V**igiam **L**indas **A**belhas **V**oadoras **A**judando **V**ioletas a **C**rescerem **B**elas é simples e evoca imagens bonitas. Mas esse não foi o primeiro mnemônico que ouvi. No meu laboratório de física eletrônica, me ensinaram: **P**retos **M**eninos **V**iolentam **L**indas **A**dolescentes **V**irgens **A**onde **V**ioleta **C**ede **B**analmente. Ao me avistar, percebendo que eu era o único estudante negro da sala, o professor deu de ombros timidamente e tratou de alterar o mnemônico para começar com "**P**erversos **M**eninos...", mudando, dessa forma, um mnemônico misógino e racista para outro apenas misógino. Felizmente, nada disso afeta como os elétrons se comportam em seus circuitos.

* * *

Pode-se dizer que os textos dos antropólogos do século XIX refletem a era mais racista na história da ciência, extravasando para o século XX. Um fascínio com as "raças dos homens" preocupava os principais trabalhos de muitos pesquisadores. Meu exemplo preferido vem do estudo *Hereditary Genius: An Inquiry into Its Laws and Consequences* [Gênio hereditário: uma investigação sobre suas leis e consequências], escrito em 1870 pelo polímata inglês Francis Galton, fundador do movimento eugenista, dentre outros ramos da investigação experimental. No capítulo intitulado "O valor comparativo das diferentes raças", ele escreve:[20]

> *A quantidade de negros que deveríamos chamar de burros é muito grande. Qualquer livro que faça alusão a empregados negros na América é cheio de exemplos. Eu mesmo fiquei muito impressionado com esse fato durante minhas viagens à África. Os erros que os negros cometiam em seus afazeres eram tão infantis, estúpidos e simplórios que me faziam frequentemente ter vergonha da minha própria espécie.*

Em 1909, Galton recebeu o título de cavaleiro das mãos de Eduardo VII.

Mas o exercício começou antes. Ao dividir todos os seres humanos pela cor da pele, pela textura do cabelo e pelas características faciais, chega-se ao meio do caminho. Equipados com dados de entrada como esses, o impulso de categorizar as raças foi irresistível. Por exemplo, um milhão de afro-americanos vivia nos EUA, e 90% deles eram escravizados.[21] Thomas Jefferson, original da Virgínia, escreveu sobre eles em 1785, antes de se tornar presidente:[22]

> Comparando-os por suas faculdades de memória, razão e imaginação, parece-me que: na memória, são iguais aos brancos; na razão, muito inferiores, sendo difícil encontrar algum capaz de traçar e compreender as investigações de Euclides; e, na imaginação, eles são monótonos, insípidos e anômalos.

Honestamente não sei quantas pessoas brancas das colônias americanas originais Jefferson conhecia que fossem fluentes em Euclides, mas, quaisquer que fossem suas observações e objeções em relação às pessoas negras, ele não hesitou em acasalar continuamente com pelo menos uma delas, produzindo seis filhos.[23]

Depois que Darwin publicou seu livro seminal de 1859, *A origem das espécies* e, principalmente, após seu *A descendência do homem,* de 1871, poderíamos todos ter ido em frente e reconhecido que os humanos são parte de uma família, carregando ancestrais genéticos comuns com outros macacos. Não foi o que aconteceu. Em vez disso, muitos cientistas da época afirmaram que africanos

COR & RAÇA | 207

negros eram menos evoluídos que europeus brancos. Isso continuou por boa parte do século XX com a publicação, em 1962, do livro amplamente citado *A origem das raças*,[24] de Carleton S. Coon, onde encontramos: "Se a África foi o berço da humanidade, foi apenas um jardim de infância pouco importante. A Europa e a Ásia foram nossas principais escolas."

As setecentas páginas de texto e ilustrações oferecem comparações desenfreadas entre africanos negros e macacos. Suficientes para convencer pessoas brancas a se sentirem felizes por terem nascido brancas, deixando-as completamente abertas a quaisquer regulamentos, leis e legislações que segregam ou subjugam pessoas negras.

Ao lançarmos uma hipótese científica, devemos ser os nossos maiores críticos. Não queremos colegas encontrando falhas no nosso raciocínio antes de nós. Pega mal e mostra que não fizemos o dever de casa. Uma boa forma de sabatinar nosso trabalho é dar um passo atrás e explorar a possibilidade de que uma explicação completamente oposta possa ser construída a partir dos mesmos dados ou de dados que porventura possamos ter desconsiderado. Se conseguirmos desmantelar nossa hipótese, estará na hora de mudarmos para um novo projeto de pesquisa.

Vamos tentar fazer isso agora.

Viremos o jogo: se os antropólogos dos séculos XIX e XX fossem supremacistas negros em vez de supremacistas brancos, o que eles poderiam ter escrito sobre as pessoas brancas após examiná-las? O grupo ao qual você pertence deve sempre ficar perto do topo ou no topo do seu sistema de categorização, então quais observações podem sustentar a tese de que pessoas brancas são inferiores e parecidas com macacos? E, se você for branco, como poderá se sentir ao ler isso?

Os chimpanzés são os parentes genéticos mais próximos dos humanos. Precisamos apenas encontrar similaridades entre chimpanzés e pessoas brancas, e essas seriam evidências infalíveis de seu estado menos evoluído.

- Chimpanzés e outros macacos têm pelos por todo o corpo. As pessoas mais peludas de que se tem notícia são brancas, com verdadeiros tapetes de pelo no peito e nas costas.[25] Seu pelo corporal até escapa às vezes pela gola da camisa. Pessoas negras não se aproximam nem remotamente dessa quantidade de pelos.

- Se você separar os pelos da maioria dos chimpanzés — da maneira como eles fazem uns com os outros à procura de piolho —, verá que a cor da pele deles é branca, não algum tom de preto ou marrom.[26]

- Os chimpanzés costumam ter orelhas grandes em relação ao tamanho da cabeça. Após décadas observando orelhas, posso atestar que as maiores orelhas que já vi em humanos foram em pessoas brancas. Dê você mesmo uma boa olhada da próxima vez que estiver num lugar público lotado. Sem dúvida haverá alguma sobreposição, mas o tamanho das orelhas das pessoas negras pode ter até a metade do

COR & RAÇA | 209

tamanho das orelhas das brancas. Você pode então perguntar sobre as famosas orelhas grandes do presidente Barack Obama, mas ele é precisamente metade branco — tão branco quanto negro. Assim, talvez suas grandes orelhas venham da metade branca de sua herança.

- Durante a maior parte do século XX, os neandertais eram retratados como burros e brutos. Acontece que, a partir dos anos 1990, a pesquisa genética revelou que os europeus são de 1% a 3% neandertais. Os africanos são uma fração de 1%.[27] Isso não pode cair bem para os europeus — hora de limpar aquela imagem primitiva e retrógrada. Desde então, referências publicadas sobre os neandertais passaram a comentar sobre como seus hábitos eram criativos, artísticos, inventivos e articulados, fabricando ferramentas e tecnologias sofisticadas para dar forma ao seu mundo.[28]

- Os chimpanzés têm lábios extremamente finos, como as pessoas brancas. (Como foi que eles deixaram passar essa?)

Veja como é fácil ser racista. Vamos continuar.

- Os chimpanzés dedicam tempo à família, arrumando os pelos uns dos outros. Todos já os vimos fazer isso, se não no zoológico, em documentários na televisão. Aparentemente, os piolhos que eles encontram devem ser saborosos, porque quem os arranca da cabeça de outro chimpanzé também os come. Já ouviram falar de surto de piolhos nas cabeças de crianças negras? Provavelmente não.[29] Crianças brancas são 30 vezes mais suscetíveis à infestação de piolhos do que as negras. O parasita simplesmente prefere colocar ovos nos cabelos de chimpanzés e de pessoas brancas a colocá-los nos cabelos de pessoas negras.[30]

E que tal uma simples superioridade negra sobre os brancos sem referências a macacos? Que tal:

- Pessoas brancas têm probabilidade 25 vezes maior de desenvolver câncer de pele quando comparadas a pessoas negras.[31] Posso enumerar uma dezena de pessoas brancas com bons níveis de instrução que discutiram veementemente comigo que eles e eu corríamos o mesmo risco pela exposição à luz solar. A superioridade alheia é algo difícil de se reconhecer quando, aos seus olhos, você é superior.

- A psoríase, moderada ou severa, que é uma doença de pele que produz coceira e escamas, é duas vezes mais comum em pessoas brancas do que negras.[32]

- Já viram crianças negras com tanta acne facial que eram vítimas de *bullying* em sala de aula, sendo chamadas de cara de pizza? Provavelmente não.

COR & RAÇA | 211

- Já ouviu a frase "negros não envelhecem"? Ela se refere ao fato de a pele escura envelhecer mais graciosamente, apresentando menos rugas e outros sinais do tempo. Agradeça à melanina por isso.

- Na adolescência, participei de várias trilhas nos acampamentos de verão, quando a maioria dos adolescentes brancos pegava urticária de hera venenosa, e os negros, não. Podem ser apenas dados incompletos, mas talvez alguém devesse investigar isso.

- A fragilidade de senhoras brancas é lendária e trágica. Ao envelhecer, uma em cada duas irá acabar quebrando algum osso em razão da baixa densidade de cálcio e do início da osteoporose.[33] Ossos de pessoas negras idosas permanecem bons e fortes.[34] Se uma mulher negra quebrar a bacia, será por ter caído de uma janela, não porque escorregou no chão.

- Apesar do aumento recente da taxa de suicídio entre adolescentes negros,[35] a taxa de suicídios de pessoas brancas é 2,5 vezes maior do que de pessoas negras.[36]

- As chances de mulheres brancas terem anorexia também são de 2 a 3 vezes maiores do que mulheres negras.[37]

- Mais uma do baú dos chimpanzés: eles adoram se balançar em árvores. Aparentemente, o mesmo acontece com crianças brancas em áreas residenciais. Em geral, elas ficam ansiosas para construir e viver em uma casa na árvore dentro do próprio quintal. Você provavelmente não viu crianças negras sequer cogitando essa ideia. Pessoas brancas claramente desejam retornar ao seu estado primitivo.

Esse discurso racista certamente gerou um certo incômodo em algumas pessoas, em parte devido ao fato de os dados que o sustentam serem verdadeiros. O que importa é o que nos motiva. Desejamos declarar superioridade para então agir de alguma forma nefasta ou estamos simplesmente fascinados com a diversidade da espécie humana? De qualquer forma, antropólogos brancos racistas convenientemente ignoraram tudo isso.

E quanto a uma mitologia negra racista autêntica? A cor de pele dos etíopes não é branca, nem tão preta quanto a dos negros africanos pode ser. A partir desse fato, emergiu a história de suas origens, que parafraseio aqui:[38]

> Deus, ao assar os pedaços de barro que se tornariam os seres humanos, os retirou do forno cedo demais. Esses são os brancos — uma receita fracassada em Sua primeira tentativa. Na tentativa seguinte, Deus deixou o barro no forno tempo demais. Estes se tornaram os negros de pele escura. Outra receita fracassada. Na terceira tentativa de Deus, Ele tirou o lote da fornada na hora certa, fazendo a pele marrom-dourada perfeita dos etíopes.

Podemos até rir — no mínimo pelo fato de eles imaginarem um criador todo-poderoso e onisciente que ainda está aprendendo a cozinhar —, mas é a história deles. Eles se colocam no topo de suas próprias fantasias, assim como todo mundo. Enquanto isso, vizinhos aos etíopes, na costa leste da África, estão os somalis, cuja cor de pele é muito mais escura que a dos etíopes. No entanto, seus traços faciais são nitidamente europeus. Ou melhor, os traços faciais dos europeus são nitidamente somalis. Como uma pessoa racista vai dar conta deles?

Se dermos aos hipotéticos racistas negros o controle sobre as legislações, eles talvez façam exatamente o que os racistas brancos fizeram contra as pessoas negras — criar leis que impeçam pessoas brancas de receber instrução, e então justificar sua subjugação e escravização alegando que eles são burros e sub-humanos.

* * *

A África é de fato o "berço da humanidade". Algumas centenas de milhares de anos atrás, os primeiros humanos vagaram para o norte e então para oeste e leste, povoando a Europa, a Ásia e por fim as Américas. Nossos ancestrais peripatéticos carregaram o genoma africano base pelo mundo todo. Essas viagens levaram menos tempo do que imaginamos. Façamos os cálculos. Se andássemos 40 mil quilômetros (a circunferência da Terra) a 3 quilômetros por hora — um ritmo de passeio —, e se o fizéssemos oito horas por dia, conseguiríamos circunavegar o globo em 4,3 anos. Claro que não há caminhos ou estradas que circundem a Terra, e também há desertos, corpos d'água, montanhas e outras coisas pelo caminho. Mesmo assim, antes da agricultura, várias gerações de africanos, uma após a outra, tiveram bastante tempo para alcançar todos os recantos contíguos da superfície da Terra — movidos pela busca por comida ou por uma curiosidade sobre o que poderia haver além de seus horizontes.

Atualmente, uma em cada seis pessoas no mundo vive na África. Um continente que é cinco vezes maior que a Europa e lar de 54 países, mais de um quarto do total mundial. Ao olhar os seus residentes, se só o que virmos for pele escura, então perderemos as características mais importantes daqueles que vivem lá. Como fonte das origens humanas, o continente africano manifesta a maior diversidade genética de qualquer lugar na Terra, desde que olhemos além da cor da pele. Com tal diversidade vem a variância taxonômica. Em que lugar do mundo esperaríamos encontrar algumas das pessoas mais baixas e também algumas das mais altas? Na África. Os pigmeus mbuti da República Democrática do Congo medem em média pouco mais de 1,2 metro.[39] E entre os tútsis de Ruanda e Burundi, ambos países adjacentes ao Congo na África Central, o homem mediano tem a altura de 1,8 metro.[40]

Características genéticas de alta e baixa estatura certamente existem em outros locais do mundo, mas não ocupam a mesma área geográfica. A altura média dos nativos da Holanda é cerca de 17 a 20 centímetros maior do que a dos nativos da Indonésia,[41] mas eles estão separados por quase um terço da circunferência da Terra.

Onde poderíamos encontrar alguns dos corredores mais rápidos e alguns dos mais lentos do mundo? Competições de atletismo, em geral, não estão em busca dos lerdos. Entre os corredores rápidos, a África e seus descendentes emigrantes dominaram o palco internacional de atletismo tanto nas modalidades de sprint quanto nas de longa distância durante quase todo o século passado.

E quanto às pessoas muito burras e às muito inteligentes? Provavelmente vamos encontrá-las na África também. Por ora, vamos nos concentrar nas mais inteligentes. Recordemos que o Egito e sua preeminente civilização, que já contava com engenharia, arquitetura e agricultura, precederam as europeias em milhares de anos. Até onde se sabe, o Egito fica na África. A civilização era tão avançada que o negacionismo entre pessoas brancas vai fundo,[42] incluindo o roteiro do filme *Stargate*, uma ficção científica de 1994, em que as Grandes Pirâmides foram concebidas e projetadas não por africanos, mas por alienígenas humanoides semideuses que subjugaram os humanos egípcios. O empresário do setor aeroespacial Elon Musk (ele próprio africano)[43] até tuitou, em 31 de julho de 2020: "Alienígenas construíram as pirâmides, obviamente." Do século XV em diante, exploradores, colonizadores, comerciantes de escravos europeus e antropólogos viajantes nunca foram em busca de pessoas mais inteligentes que eles na África, apesar de provavelmente essas não estarem em falta no continente. Basta procurar. Meu colega Neil Turok, um físico branco da África do Sul, fundou em 2003 o Instituto Africano para Ciências Matemáticas (AIMS, na sigla em inglês),[44] que oferece ensino avançado e de alto nível, assim como apoio à pós-graduação, em matemática, engenharia e física. Apesar de sediada na África do Sul, a organização serve a todos os países do continente. Tendo se iniciado em 2008, a missão da AIMS se expandiu para incluir uma busca direcionada a "revelar e formar talentos científicos por toda a África, para que ainda em nosso tempo possamos celebrar um Einstein africano".[45] Eles vão atrás de histórias contadas por professores escolares, professores universitários e anciãos em todo o continente, sobre quaisquer alunos em suas comunidades que eles julguem dotados de inteligência incomum e que possam se beneficiar dessa oportunidade.

Ninguém nega a inteligência das pessoas que são boas no jogo de xadrez. Com uma barreira financeira de entrada muito baixa, o xadrez é jogado e disputado em todo o mundo, independentemente da riqueza do país. Note que a classificação média dos dez melhores enxadristas na Zâmbia, o coração da África, é melhor que daqueles em Luxemburgo, Japão, Emirados Árabes Unidos e Coreia do Sul.[46] Vamos dar uma olhada no PIB per capita de 2020 desses países, em dólares: Luxemburgo, U$ 116.000; Japão, U$ 40.000; Emirados Árabes Unidos, U$ 36.000; Coreia do Sul, U$ 32.000; e Zâmbia, U$ 1.000.[47]

Em 1º de maio de 2021, um talentoso jogador de xadrez alcançou o título de Mestre Nacional por ter conseguido uma classificação acima de 2.200 na Federação de Xadrez dos EUA, ficando entre os 4% melhores de um ranking de 350 mil jogadores no mundo todo.[48] Uma classificação quinhentos pontos acima do seu técnico de xadrez, apenas alguns anos após ter aprendido a jogar. Esse prodígio é um menino nascido em 2010 chamado Tanitoluwa Adewumi, filho de nigerianos refugiados nos EUA em 2017. Sua família passou um breve período vivendo em abrigos para sem-teto em Nova York antes que seus pais conseguissem emprego estável e residência permanente. Joguei uma rápida partida de xadrez contra esse rapazinho em março de 2021 na plataforma Twitch do Grande Mestre Maurice Ashley, uma interface de mídia social com transmissão ao vivo. A partida foi de fato rápida.

Falando em nigerianos, imigrantes nos EUA desfrutam de uma renda familiar 8% maior[49] do que a média nacional. E crianças de origem étnica nigeriana no Reino Unido, em especial aquelas oriundas da tribo dos igbo, obtêm de modo consistente notas mais altas na média das avaliações do que crianças brancas do Reino Unido.[50]

São oportunidades para se parar e pensar quanto do capital intelectual em matemática, ciência, engenharia ou em qualquer área está escondido no centro do continente africano, ou em qualquer outro lugar da Terra — perdido por ora ou para sempre — por falta de uma oportunidade para florescer.

* * *

Consideremos ainda o que acontece dentro da árvore genealógica humana. Em Nova York, ouvi alguém dizer que era italiano, então perguntei onde ele havia nascido. "Brooklyn." Onde seus pais nasceram? "Brooklyn." Onde os pais deles nasceram? "Na Itália — portanto, sou italiano." Numa conversa com outra pessoa que se declarava sueca, eu perguntei onde ela havia nascido. Ela respondeu: "Nova York." E continuei. Onde seus pais nasceram? "Minnesota." E onde os pais deles nasceram? "Minnesota." E os pais deles? "Na Suécia — como eu disse, sou sueca." Podemos ver o que está acontecendo aqui. Nesses dois casos, eles poderiam ter dito, "sou americano", "sou americana", mas, em vez disso, retrocederam em sua árvore genealógica até escolherem a dedo o local que mais lhes agrada. Até que ponto iam voltar em sua genealogia era uma decisão arbitrária, então os convidei a continuar voltando, até chegarem à África. Porque, no fim — ou melhor, no início —, somos todos africanos.

A ancestralidade humana é absurdamente convergente. Dos 8 bilhões de pessoas no mundo, todos têm um único par de pais biológicos. Imagine se os casais tivessem apenas um filho. A geração dos pais desses filhos seria então de 16 bilhões de pessoas. Se seus pais biológicos também fossem filhos únicos, sua geração seria de 32 bilhões de pessoas. Se os pais biológicos desses também tivessem sido filhos únicos, sua geração conteria 64 bilhões de pessoas. Acabamos de cobrir quatro gerações, estamos no ano de 1900. Não esperamos que mais de três gerações coexistam. Assim, em 1990 temos 64 + 32 + 16 = 112 bilhões de pessoas. A população real da Terra no ano de 1900 era menor que 2 bilhões.

O que está acontecendo aqui? Voltando no tempo, 112 bilhões de pessoas de alguma forma convergiram para 2 bilhões. Voltando ainda mais, no ano de 1800, a população era de 1 bilhão. Em 1600, apenas 500 milhões. Na época das pirâmides do Egito, não mais do que 20 milhões de pessoas existiam no mundo.[51] Essa é a população atual da área metropolitana de Nova York.[52] A única maneira de conciliar esses números é canalizar pessoas altamente "não relacionadas" em cada vez menos famílias. Sem falar que em qualquer geração muitas pessoas têm irmãos, e mais de 20% das pessoas não têm descendentes.[53] Esse exercício revela que quaisquer duas pessoas na Terra compartilham um ancestral comum que pertence a um nó (ou nodo) de uma árvore genealógica que converge rapidamente. Em genealogia, esse fenômeno é chamado de implexo. É assim também que centenas de milhões de pessoas brancas conseguem reivindicar orgulhosamente e com legitimidade o fato de serem descendentes de Carlos Magno (cerca de 800 d.C.). Se houvesse melhores registros estatais de bebês camponeses e órfãos, certamente encontraríamos ancestrais comuns lá também, de outro modo ignorados na arte de escolher a dedo um ponto da sua árvore genealógica.

Quando penso no que sou capaz de conquistar, não uso como referência as profissões que meus ancestrais me transferiram num kit genealógico. Em vez disso, olho para todos os humanos que já viveram. Somos uma única família. Somos uma única raça. A raça humana. Ainda que eu prefira pensar que somos todos parentes bem próximos.

Quer o dia a dia transpareça isso ou não, a civilização fez grandes avanços sociais através das décadas e dos séculos. Mudanças progressivas nas leis, na legislação e nas atitudes pelo mundo todo têm, em algumas áreas, trazido a diversidade de raça e gênero a níveis sociais que se aproximam da célebre frase de Martin Luther King Jr. em seu discurso de 1963 "Eu tenho um sonho":[54]

Eu tenho um sonho que meus quatro filhos vão um dia viver em uma nação onde não serão julgados pela cor de sua pele, mas pela essência do seu caráter.

Um último experimento mental carrega essa verdade. Imagine que lhe ofereçam a oportunidade de entrar numa máquina do tempo e retornar a qualquer momento na história humana. Onde e quando você escolheria? O homem branco, cisgênero e heterossexual pode escolher qualquer ponto na linha do tempo — esse viajante ao passado será bem-vindo em qualquer lugar e a qualquer momento. Se esse não é você, então é bom que pense bastante sobre o tempo e o lugar aonde quer ir. Você é mulher, uma pessoa não branca, com deficiência, *queer* ou alguma combinação das anteriores? Qual foi a melhor época para você? Mil anos atrás? Quinhentos? Cem? Cinquenta anos atrás? Dez? Cinco? No meu caso, fico com o presente. Prefiro não ter uma viagem de táxi recusada, ou ser preterido em oportunidades de emprego, ter um empréstimo de banco negado ou não poder morar onde quero. Com ambições de ser cientista desde a infância, não quero ser o criado

COR & RAÇA | 221

de alguém, tampouco gostaria de ser comprado e me tornar propriedade de outro ser humano que me vê como alguém que não é totalmente humano. Pensando bem, prefiro visitar o futuro, como presumo que o ministro unitarista incrivelmente progressista Theodore Parker também escolheria, conforme escreveu em 1853:[55]

> *Eu não finjo compreender o universo moral; o arco é longo, meus olhos alcançam apenas pequenas distâncias; não consigo calcular a curva nem completar o cenário pela experiência da visão; só consigo prever pela consciência. E, pelo que vejo, tenho certeza de que se inclina na direção da justiça.*

Nós reconhecemos, ressaltamos e abraçamos a diversidade? Ou buscamos não notá-la? Imaginem se raça, expressão de gênero e etnicidade fossem tão irrelevantes para o julgamento que fazemos das pessoas quanto o fato de usarem óculos, de comprarem uma determinada marca de pasta de dentes e não outra, ou de preferirem *waffles* a panquecas.

Nesse ponto, meus sentimentos se alinham com o visitante alienígena. Imaginemos que os extraterrestres sejam tão diferentes de nós em todos os aspectos, de modo que para eles os humanos sejam indistinguíveis uns dos outros, sem importar o quanto nós mesmos nos distinguimos. Só o que eles veem em nós são quatro membros, um torso e uma cabeça. Parece insensível da parte deles, mas não somos melhores que isso. Em relação à maioria dos animais na Terra, seja a uma certa distância ou até bem de perto, não temos ideia de qual é o seu gênero ou se há alguma diferença sutil na coloração da plumagem entre um integrante de uma espécie com relação a outro. Silenciosamente pensamos isso dos pombos urbanos e, sobretudo, dos peixinhos dourados. Os pais sorrateiramente substituem os mortos, que eles acabaram de matar, por outros vivos. Isso acontece normalmente enquanto os filhos estão acampando e eles tentam esconder o fato de terem superalimentado (ou subalimentado) o Douradinho e o Bolha. Para a maioria de nós, ver um peixinho dourado é igual a ver todos eles.

Nosso visitante alienígena nos vê segregar, estratificar e subjugar outros de nossa espécie com base em características que eles mal percebem. Ao testemunhar nossas atitudes de desunião — em resposta a tudo aquilo que deveria ser irrelevante à essência do nosso caráter —, esse alienígena certamente irá telefonar para casa e reportar evidências contundentes de que não há sinal de vida inteligente na Terra.

NOVE

LEI & ORDEM
O alicerce da civilização, quer gostemos ou não

Se matássemos um alienígena, seria homicídio? O alienígena teria que ser mais inteligente que nós para que sua morte fosse classificada como homicídio? Quem é o dono da Lua, dos direitos sobre os minerais dos asteroides, ou dos direitos às águas dos cometas? As leis de que país governam um pedaço da superfície de um planeta em relação a outro? A lei espacial continua a ser um pouco como no Velho Oeste, no que diz respeito às doutrinas estabelecidas na Terra. Se quisermos que nossa conduta no espaço não seja pior que a nossa conduta na Terra, precisaremos de leis exequíveis, talvez dando um gás em sistemas de justiça obscuros que assombram o passado. Por todas essas razões, a lei espacial em si é uma fronteira da filosofia legal.

Os sistemas legais são no mínimo pré-requisitos para tudo o que chamamos de civilização, pois eles nos protegem dos impulsos básicos desestabilizadores dos nossos instintos primitivos. Pergunte a si mesmo como as pessoas se comportariam se não houvesse qualquer ameaça de ação legal neste mundo? Veja quantas pessoas transgridem leis estabelecidas, mesmo com um sistema legal vigente. Sem isso, não há muita esperança para uma civilização.

Se o axioma de Aristóteles importasse — "A lei é a razão livre da paixão" — e se a alegórica deusa Justiça, vendada, brandindo uma espada em uma das mãos e segurando uma balança com a outra, simbolizasse verdadeiramente como a justiça funciona, sempre haveria em nossos júris especialistas em dados e informações que, em busca da verdade, seriam imunes à paixão dos advogados, às emoções das testemunhas e à força da opinião pública. Se os julgamentos legais são sobre falar a verdade, que está na raiz latina de "veredicto", e os julgamentos são a aplicação de punições ou recompensas, então por que alguns advogados são mais bem pagos que outros? Eles são mais eficientes em encontrar a verdade? Ou eles dominam melhores métodos e táticas para persuadir passionalmente o júri sobre o que quiserem, independentemente do que seja verdade?

No tribunal de justiça, se a verdade e a objetividade não forem buscadas ou desejadas, então precisamos admitir (confessar?) a nós mesmos que pelo menos algumas partes do sistema jurídico são opostas ao axioma de Aristóteles, e tratam, na realidade, de sentimentos e emoções. Uma busca para transformar paixão em compaixão. A consequência? De vez em quando, tomamos conhecimento de um veredicto que não representa a verdade tanto quanto representa o que um advogado muito bem pago quer que seja a verdade.

Vamos considerar a evolução dos julgamentos, simplificada aqui por uma questão de narrativa. Começamos com uma pessoa em posição de poder declarando, com ou sem evidências, se somos culpados de uma acusação. Eles usam o próprio discernimento — o que lhes parece correto — e declaram um veredicto. Sem espaço para corrigir preconceitos, mau humor ou informações equivocadas.

Certamente podemos fazer melhor que isso.

Em culturas religiosas, as divindades em geral veem e sabem de todas as coisas. A letra de uma das canções de Papai Noel é uma variante moderna disso: "Ele sabe quando você foi mau ou bom, então seja bom, pelo amor de Deus." Por que, então, não deixamos Deus decidir o veredicto? Em julgamentos por suplício, você pode ser forçado a participar de um combate corpo a corpo, ser lançado na água, andar sobre o fogo, ter óleo fervente derramado em seu peito, ou beber veneno. Se sobreviver a essas provações com o mínimo de ferimentos, você deve ser inocente, pois Deus o protegeu. Exemplos de tais julgamentos perpassam várias culturas e datam desde o Código de Hamurabi, na Babilônia antiga, em 1750 a.C. Por exemplo, a segunda das suas 283 leis descreve o julgamento por água:[1]

> *Se alguém fizer uma acusação contra um homem, e o acusa-*
> *do for até o rio e pular nele, se afundar, o acusador tomará*
> *posse de sua casa. Mas, se o rio provar que o acusado não é*
> *culpado, e ele escapar ileso, então aquele que fez a acusação*
> *será condenado à morte, enquanto aquele que saltou no rio*
> *tomará posse da casa que pertencia ao acusador.*

Nada nessa lei parece bom. Numa variação dela, seu corpo morto é arremessado no oceano. Se flutuar com o rosto para cima, será evidência de que Deus recebeu sua alma e sua inocência será recompensada no paraíso. De rosto para baixo, você tem culpa no cartório, e o paraíso não quer a sua presença.

Não se pode inventar uma coisa dessas. No capítulo 48 do relato testemunhal de Antonio Pigafetta sobre a viagem de circum-navegação de Fernão de Magalhães,[2] ele reconta um período de dois meses especialmente difíceis no mar, sem comida nem água potável. Como de costume, tripulantes mortos a bordo são jogados no oceano. Pigafetta descreve uma cena reminiscente do julgamento por água:

> *Navegamos para noroeste por dois meses seguidos, sem qual-*
> *quer reabastecimento ou repouso. Nesse curto espaço de tempo,*
> *21 dos nossos homens morreram. Quando lançamos os cristãos*
> *ao mar, eles afundaram com o rosto para cima em direção aos*
> *céus. E os indianos, sempre com o rosto para baixo.*

Ou isso realmente aconteceu conforme descrito, ou Antonio sucumbiu a um terrível caso de viés de confirmação. Seja qual for o caso, se usarmos a evidência do morto com o rosto para cima na água para estabelecer culpa num tribunal de justiça, então todos precisarão ser cristãos para que o julgamento funcione como desejado. E se não forem cristãos? Então os acusados simplesmente acabarão mortos, quer sejam culpados ou não, sem acesso ao paraíso.

Por que não deixar as evidências decidirem? Os acusadores trazem à tona evidências para convencer aqueles que julgam. Novamente, suponha que aqueles que julgam você não vão com a sua cara. Suponha que você seja inocente, mas ninguém argumente a seu favor. As evidências só funcionam se as pessoas que as examinarem souberem o que fazer com elas e se importarem com a verdade.

Para ser justo, o Sr. Pigafetta era um cavalheiro dos anos 1500 — uma era pré-científica. Como já foi dito, testar hipóteses como se faz atualmente não era uma prática rotineira na ciência antes dos anos 1600. Até então, os filósofos naturais — os que hoje chamamos de cientistas — contentavam-se em declarar coisas que pareciam verdadeiras, sem conceber uma época posterior em que experimentos e observações suplantariam as suposições. Não os humanos, mas a natureza — o próprio Universo — se tornaria o juiz, o júri e o carrasco finais na ciência. O naturalista do século XIX Thomas Henry Huxley expressou a mesma ideia de uma forma mais direta:[3]

A grande tragédia da Ciência — o assassinato de uma bela hipótese por um fato feio.

Por que não deixarmos o público decidir — a sabedoria das massas? O veredicto não seria mais suscetível ao humor de um juiz em exercício. Mas, espere, as massas também podem ser lamentavelmente irracionais. Elas podem se transformar em turbas, nas quais a soma da capacidade mental coletiva se dilui à medida que o tamanho da turba aumenta. Haveria realmente qualquer ocasião na vida em que bradaríamos, enfurecidos, ao empunhar um forcado e uma tocha? A justiça das massas é a receita perfeita para linchamentos. As massas hoje cancelam pessoas na internet; bem-vindos ao tribunal da opinião pública, e não ao tribunal da lei. Uma contagem de votos positivos e negativos, em que as pessoas escolhem aquilo que desejam que seja verdade, ou que deveria ser verdade, e não o que é, de fato, verdade. Determinar qual é a verdade requer investigações cuidadosas e minuciosas, e não o simples ato de ler relatos da mídia e formar opiniões baseadas nelas.

Aqui vai uma ideia melhor. Vamos reunir um conjunto de pessoas comuns, não muitas, nem tão poucas. E expor a elas as evidências a favor e contra o réu, lhes dando o poder de determinar a culpa ou a inocência. Isso evitará os caprichos de um déspota, a tendenciosidade de um único juiz, a selvageria de um julgamento por suplício e a irracionalidade de uma turba. Suponha que o júri seja composto de pessoas que odeiam você por alguma razão. Ou suponha que, devido à diferença da sua posição social e a dos jurados, o júri não tenha qualquer compreensão das suas circunstâncias. Talvez então eles não odeiem você — simplesmente não se importam com você. Isso também é ruim.

Aqui vai uma ideia ainda melhor. Vamos formar um júri, não com qualquer um, mas com os seus pares. Isso lhe dará a melhor oportunidade de ter um julgamento justo, minimizando ou eliminando qualquer potencial preconceito contra você, apesar da possibilidade de haver parcialidades a seu favor, caso você seja de fato culpado. Esse é um risco aceitável, conforme a famosa formulação de Blackstone:[4]

> *É melhor dez culpados serem inocentados*
> *do que um inocente ser condenado.*

Tal frase foi expressa pela primeira vez nos anos 1760, pelo jurista inglês Sir William Blackstone.

Chegamos agora ao que é fundamentalmente o sistema moderno de justiça no mundo ocidental: o julgamento por um júri de seus pares. Colocando de lado mais de um século de linchamentos nos EUA com início em 1830, a Sexta Emenda da Constituição do país, inteiramente ratificada em 1791, resume essa necessidade de proteger o acusado:

> *Em todos os processos criminais, o acusado terá garantido o direito a um julgamento rápido e público, por um júri imparcial... a ser informado sobre a natureza e a causa da acusação; a ser confrontado com as testemunhas contra ele; a ter um processo compulsório para obtenção de testemunhas a seu favor, e a ter a assistência de um advogado para a sua defesa.*

Essas ideias são bastante antigas, anteriores até mesmo à Carta Magna do Rei João, de 1215, que contém a declaração de que nenhum homem livre pode sofrer punição sem um "julgamento legal de seus pares".[5] Atualmente, nosso sistema de justiça continua a orbitar esses princípios. Em teoria, todos deveriam receber um julgamento justo, mas, na prática, um advogado de alto nível consegue levar um júri a se sentir de um jeito ou de outro, num nível que influencia a interpretação dos dados e, portanto, no momento adequado, semeia a tendenciosidade no tribunal — tendenciosidade que talvez não estivesse presente quando o julgamento começou.

Na verdade, nós criamos futuros advogados para fazerem uso de tais poderes de persuasão. Fomentadores férteis da profissão jurídica incluem clubes de debate em escolas e faculdades por todo o país. Eu mesmo nunca me interessei muito por eles, embora minha escola do ensino médio tivesse uma equipe de debate especialmente competitiva e bem-sucedida. Seus armários nos corredores eram abarrotados de troféus. Já as equipes esportivas, nem tanto. De qualquer forma, eu já era adulto quando tomei conhecimento do que de fato acontece nesses torneios. Os debatedores recebem os tópicos que serão discutidos, mas não sabem qual lado do debate defenderão até o dia da competição. O vencedor é a pessoa ou a equipe mais convincente ao defender sua posição para os jurados. O objetivo não é descobrir o que é de fato verdade sobre coisa nenhuma. Em vez disso, o sistema inteiro treina os participantes para argumentar — ambos os lados de qualquer assunto. As regras também pressupõem que todos os tópicos no debate tenham apenas dois lados. Não três. Não cinco. Não um contínuo. Ao tomar conhecimento disso, e na condição de cientista iniciante, eu não conseguia imaginar nada mais destrutivo à busca pela verdade do que esse terreno fértil de debatedores.

Talvez eu esteja exagerando. Frequentei a Bronx High School of Science em Nova York, que conta com oito Prêmios Nobel entre seus graduados — sete em física, um em química. A cultura do debate não teria prejudicado gravemente nossa cultura para a ciência. Não obstante, ela nos faz pensar. Nossos representantes políticos, desde o início, vêm em grande parte da profissão jurídica. Eles são chamados coletivamente de "legisladores". Será que os impasses constantes nas deliberações do Congresso devem suas origens à arte de argumentar em vez de à ciência da busca pela verdade?

Mesmo assim, a tentativa de determinar culpa ou inocência vem evoluindo progressivamente ao longo dos tempos. Podemos todos concordar que isso é uma coisa boa. Será que ainda há espaço para outras melhorias? O sistema deseja outras melhorias? Parece que a resposta a essa pergunta é não.

Durante minha primeira convocação para servir num júri, eu pertencia ao quadro de docentes da Universidade de Princeton, onde elaborei um seminário de graduação sobre o que é a ciência e como e por que ela funciona. Durante a sessão de perguntas e respostas que os advogados conduzem com os jurados em potencial — inutilmente chamada de *voir dire* — me perguntaram que revistas eu lia, a que programas de TV assistia, onde eu buscava notícias. E então me perguntaram qual era a minha profissão. "Sou cientista." Vendo no questionário escrito que eu lecionava em Princeton, eles me perguntaram o que eu lecionava. "Leciono uma disciplina sobre a avaliação de evidências e a relativa falta de confiabilidade de testemunhos oculares." Não sobrevivi àquela rodada e em menos de uma hora estava a caminho de casa.

Quando cientistas ouvem a frase dramatizada nos tribunais "Preciso de uma testemunha!", pensamos, "Para quê?" Os psicólogos compreendem perfeitamente essa falta de respeito pelo testemunho ocular.[6] Duas pessoas sãs podem observar os mesmos eventos ou fenômenos e descrevê-los de modo diferente com igual sinceridade e confiança em seus relatos. Quanto mais extraordinário ou chocante o evento — como presenciar um crime violento ou saudar um alienígena espacial —, menos provável será que os vários relatos sobre a experiência batam. Foi por isso que os métodos e as ferramentas da ciência foram inventados para começo de conversa — para remover as fragilidades sensoriais humanas na aquisição de dados. Testemunhos oculares podem estar por cima no tribunal de justiça, mas estão por baixo no tribunal da ciência. Se alguém chegar a uma conferência e a melhor evidência para embasar sua pesquisa for o fato de ter visto aquilo acontecer, nós lhe mostraremos a porta da saída.

Durante a minha segunda convocação para um júri, o juiz leu o resumo do caso; o rapaz acusado estava presente no tribunal. Posse de drogas. Cocaína. Em Manhattan. O réu estava sendo acusado da posse de 1.700 miligramas de cocaína, vendida a um policial disfarçado do departamento de narcóticos. Chegamos à parte do interrogatório dos jurados e então me perguntaram se eu conhecia algum advogado. Na época, eu não tinha amigos advogados. Quando chegamos ao fim, o juiz interveio e perguntou: "Vocês gostariam de fazer alguma pergunta sobre este processo?" Levantei minha mão e disse: "Sim, Meritíssimo, por que o senhor disse que o réu estava de posse de 1.700 miligramas de cocaína? O mil é cancelado pelo 'mili' e resulta em 1,7 grama, que é menos do que o peso de uma moeda de dez centavos." Quando eu disse isso, todos no tribunal olharam na minha direção e assentiram. Eu continuei: "... então parece que o senhor está fazendo a quantidade de droga parecer maior do que realmente é."

Fui mandado para casa mais uma vez, em menos de uma hora.

Posteriormente me perguntei se o meu questionamento contaminou os potenciais jurados ali no tribunal. Mas, por acaso, alguém diz: "Te vejo em sessenta bilhões de nanossegundos"? Não. Dizemos: "Te vejo em um minuto."

Em minha terceira convocação para um júri, o caso era um roubo. Um exemplo literal da palavra de uma pessoa contra a outra. Um homem era acusado de roubar as compras e a bolsa de uma mulher. Quando a polícia encontrou o assaltante logo depois, ele foi identificado positivamente pela vítima, mas não estava de posse daquilo que era acusado de ter roubado, o que complicava muito as coisas. Nessa rodada de seleção de jurados, fiquei entre os quinze finais — o mais próximo que já cheguei de fazer parte de um júri de doze pessoas. O juiz então nos perguntou, um a um, se teríamos algum problema em chegar a um veredicto com o tipo de evidência apresentada. Eu respondi: "Com base em tudo o que conheço sobre a não confiabilidade de testemunhas oculares, se a única evidência for uma testemunha ocular, sem evidência material para comprovar a acusação, eu não posso votar pela condenação." O juiz levou minha objeção ao restante do grupo, dizendo: "Alguém aqui pensa da mesma forma que ele, que precisamos de mais de uma testemunha ocular antes de chegarmos a um veredicto?" Imediatamente, um potencial jurado sentado à minha frente declarou: "NÃO foi isso que ele disse!" Nesse momento, consegui resistir, com todas as minhas forças, ao impulso de dizer: "Meritíssimo, o senhor foi testemunha ocular das minhas palavras há poucos bilhões de nanossegundos, e entendeu tudo errado." Ainda assim, fui, mais uma vez, dispensado em menos de uma hora.

* * *

Se a capacidade de um advogado de influenciar um júri com argumentos passionais, independentemente dos dados, for exatamente o sistema legal que você deseja, então você jamais vai me querer — ou a qualquer um de meus colegas cientistas — em um júri. Jamais vai querer qualquer especialista em análise de dados, em estatística ou em probabilidade. Provavelmente também não vai querer engenheiros. Se o sistema de justiça atual é o melhor que temos rumo a um sistema melhor, então há, de fato, espaço para melhorias. Talvez não devêssemos nos contentar com "O sistema tem falhas, mas é o melhor que temos", embora seja exatamente a exploração dessas falhas a responsável pela criação de excelentes obras de ficção de tribunal para o teatro, a televisão e o cinema. Por exemplo, no drama *12 Homens e Uma Sentença*, de 1954, escrito por Reginald Rose para a TV e posteriormente para o cinema, um único jurado, que não tira conclusões precipitadas a partir das evidências apresentadas, revela lenta e racionalmente camadas de preconceitos, que incluem etarismo, capacitismo e racismo, de cada um dos seus onze colegas jurados. Trata-se de um processo de homicídio. Então, todos deveriam dedicar um tempo extra antes de chegar a um veredicto. No fim da história, que se desenrola toda na sala de deliberação, cada um dos onze jurados muda seu voto para "não culpado". Se eles fossem pessoas racionais e analíticas, sem nenhum preconceito, ou com quase nenhum, a história jamais teria sido concebida. Ou teria durado dez minutos.

Outra consequência do nosso sistema legal moderno é a própria existência do Innocence Project, fundado em 1992. Sua declaração de missão já diz tudo:[7]

> *A missão do Innocence Project é nada menos que libertar o número estarrecedor de pessoas inocentes que permanecem encarceradas, e trazer reformas substanciais ao sistema responsável por sua prisão injusta.*

Desde 1973, mais de 186 pessoas que foram sentenciadas à morte nos EUA foram absolvidas. Um total que seria, de outra forma, somado aos 1.543 prisioneiros no corredor da morte que foram executados nesse período.[8] E, desde 1989, apenas as provas de DNA já libertaram 375 prisioneiros erroneamente acusados em 37 estados, que cumpriram um total de 5.284 anos atrás das grades.[9] Usando a aritmética de 10 para 1 da formulação de Blackstone e a aplicando ao tempo cumprido, podemos nos perguntar se os 52.840 anos de tempo de prisão não cumprido por pessoas culpadas que permaneceram livres justificam os 5.284 anos de tempo cumprido por pessoas inocentes.

Com o DNA e a florescente área da ciência forense, parece que a ciência veio em nosso socorro. O problema é que a apresentação de provas ainda está inserida num sistema que mantém o poder de manipular os preconceitos dos jurados, não importando a verdade. Esse fato produziu um estudo da Academia Nacional de Ciências sobre abusos desenfreados da ciência nos tribunais de justiça. Um relatório de 2009 com 348 páginas, intitulado *Strengthening Forensic Science in the United States: A Path Forward* [Fortalecendo a ciência forense nos Estados Unidos: um caminho a seguir], contém o seguinte parágrafo em seu resumo:[10]

> *Em alguns casos, informações substanciais e testemunhos com base em análises científicas forenses equivocadas podem ter contribuído para condenações injustas de pessoas inocentes.*

LEI & ORDEM | 237

Esse fato demonstrou o perigo potencial de se dar peso inde-
vido a evidências e testemunhos originados de testes e análises
imperfeitos. Além disso, depoimentos imprecisos ou exagera-
dos de especialistas às vezes contribuem para a admissão de
informações errôneas ou evidências enganosas.

Para coroar essa discussão, a autora best-seller Alice Sebold escreveu em 1999 um livro de memórias intitulado *Sorte: um caso de estupro,* em que ela identificou um homem negro que, ela afirmou, a violentara em 1981, quando tinha dezoito anos. O acusado foi posteriormente preso e condenado, ficando encarcerado por dezesseis anos — até o fim de novembro de 2021, quando foi inocentado após uma reanálise das provas contra ele. Uma semana depois, o livro de Sebold foi recolhido pela Scribner, sua editora. Mais tarde, ela se desculpou com a vítima por tê-lo identificado erroneamente.[11]

O Innocence Project informa que 69% dos casos absolvidos envolviam a identificação equivocada por parte de testemunhas, em contextos de suspeitos perfilados, comparecimentos ao tribunal de justiça, fotografias nos arquivos da polícia, retratos falados e identificações errôneas de voz.

Independentemente de todos os dados demográficos que possam ser mencionados nas taxas de encarceramento, como raça, idade, religião, pobreza, desemprego, lares disfuncionais etc., um total de 93% de todos os prisioneiros nos EUA,[12] e no mundo,[13] têm uma característica em comum. Extensos estudos de seus perfis genéticos revelam que eles carregam um cromossomo Y.[14] Praticamente todos os humanos que já iniciaram guerras também carregam esse traço socialmente regressivo. Sim, é um problema masculino. Se pudéssemos de alguma forma consertar as falhas no código genético masculino, o mundo seria um lugar muito mais seguro para todos nós. Podemos ainda culpar a testosterona, mas muitos de nossos ícones da não violência, como Jesus, Mahatma Gandhi e Martin Luther King Jr., eram homens. Além disso, a maioria dos homens do mundo jamais cometerá um crime em toda a sua vida, deixando-nos com mais um mistério não resolvido do Universo.

* * *

Talvez a Terra precise de um país virtual racional — uma solução à conduta irracional que atualmente move os crimes, as punições e a política mundial. Foi o que a empresária e executiva de marketing do Vale do Silício Taylor Milsal propôs durante o coquetel de recepção no festival de ciências Starmus[15] de 2016, nas Ilhas Canárias, pertencentes à Espanha. O conceito de Rational Land, como ela a chamou, atraiu a atenção de todos. Vários de nós presentes nesse festival, incluindo os notáveis educadores-cientistas Brian Cox (físico de partículas), Jill Tarter (pesquisadora do projeto Search for Extraterrestrial Intelligence), Richard Dawkins (biólogo evolutivo), Jim Al-Khalili (físico teórico) e Carolyn Porco (cientista planetária), discutimos prerrogativas municipais em potencial baseadas em quais lugares poderiam se aproveitar da oportunidade. Estados-membros adotariam o pensamento racional em suas condutas e políticas. Candidatos óbvios incluíam as cidades de Londres, Paris e Nova York, os países Suíça e Dinamarca, e os estados americanos de Massachusetts, Minnesota e Califórnia. A conversa se espalhou rapidamente pela festa, cada pessoa acrescentando um pouco aqui e ali ao que Taylor havia começado.

Para mim, o nome Rational Land não soava bem, então propus Rationalia. Também senti que anexar populações municipais inteiras disfarçaria facções extremamente irracionais que talvez estivessem operantes nelas, bem como omitiria facções altamente racionais que talvez operassem fora delas. E assim, após extensas discussões, principalmente com Brian e Jim, adotamos a escolha individual da cidadania virtual, que vem a ser ideal para as redes sociais e que levou a um simples *tweet* que publiquei durante a conferência, que dizia: "A Terra precisa de um país virtual: #Rationalia, com uma Constituição de uma única linha: Toda política será baseada no peso das evidências." (*Ver encarte de fotos no fim do livro.*)

Não haveria testes de cidadania. Nenhuma regra de imigração. Nenhum juramento de lealdade sobre pegar em armas contra os inimigos. Apenas ressonância com aquela Constituição de uma só linha.

Pouco depois de publicar isso para meus seguidores, algumas pessoas responderam enfurecidas. Fiquei chocado com a quantidade de organizações e meios de comunicação que odiaram a ideia, certos de que um país baseado em evidências e pensamento racional não funcionaria. Algumas das manchetes:[16]

US News & World Report
A FALÁCIA DA RATIONALIA

Slate
UMA NAÇÃO GOVERNADA PELA CIÊNCIA
É UMA PÉSSIMA IDEIA

The Federalist
A "RATIONALIA" DE NEIL DEGRASSE TYSON
SERIA UM PÉSSIMO PAÍS

Arts Journal
SÓ LAMENTO, NEIL DEGRASSE TYSON,
MAS BASEAR A GOVERNANÇA DE UM PAÍS APENAS NO
"PESO DAS EVIDÊNCIAS" NÃO FUNCIONARIA

Uau. Dois desses quatro meios de comunicação usaram o adjetivo "péssimo" em seus títulos, garantindo de cara que as opiniões do leitor fossem iguais às deles, antes mesmo de ler a matéria. A manchete do *Arts Journal*, começando com a expressão "Só lamento", é como adultos falam com crianças que acabaram de propor uma ideia maluca, mas você, sendo o adulto no recinto, deve educadamente informar a elas que não vai funcionar. Com todo esse poder de opinião alinhado e exposto não apenas contra mim, mas contra o conceito e, por associação, contra meus colegas educadores-cientistas e Taylor Misal, devemos todos ser completamente sem noção, se não insanos.

Ou, talvez, protestar contra pessoas das quais discordamos requeira menos esforço do que simplesmente explorar o porquê de elas terem visões diferentes das nossas. Nenhum desses meios de comunicação entrou em contato comigo previamente em busca de comentários que pudessem ser incluídos em seus artigos. Não estavam interessados em diálogo. Acontece que minha quantidade de seguidores nas redes sociais é numerosa o suficiente para me permitir publicar uma resposta às preocupações deles e fazê-la alcançar uma audiência maior do que a circulação de todos esses veículos de imprensa juntos. Só para constar.

Eu me senti horrorizado com o tom persistente de que cientistas não deveriam se meter com geopolítica. A objeção mais virulenta era a questão de onde tal país obteria sua moral e como outras questões éticas seriam estabelecidas ou resolvidas.

Da última vez que olhei a Declaração de Direitos dos EUA, não havia lá qualquer discussão de moral. Em nenhum lugar se diz "Não matarás". Em compensação, há uma emenda inteira — a número 3 — que impede as forças armadas de se alojarem em nossas casas sem nossa permissão.

E se os veredictos dos tribunais fossem baseados inteiramente em evidências, então, inspirados pelo sistema de justiça escocês, seríamos imediatamente levados a redefinir "não culpado" e incluir um terceiro veredicto, o de "inocente":

Culpado: As provas mostram que o réu cometeu os crimes pelos quais é acusado.

Não culpado: Achamos que você é culpado, mas não conseguimos provar nem sua culpa, nem sua inocência.

Inocente: As provas mostram que você não cometeu os crimes pelos quais é acusado.

E mais: consideremos que a moral evolua com o tempo e através das culturas, em geral por meio de análise racional dos efeitos e consequências de condutas morais previamente adotadas, à luz de novos conhecimentos, sabedoria e insight. A Bíblia, por exemplo, tida frequentemente como uma fonte de moralidade, não é um lugar fértil para se encontrar comentários antiescravistas, nem discussões sobre igualdade de gênero.

O *tweet* da Rationalia faz referência especificamente à política, que pode estabelecer, de forma mais ampla, estruturas para se pensar as leis. Alguns exemplos de políticas seriam a opção que um governo teria de investir em pesquisa e desenvolvimento e, nesse caso, decidir quanto investir. Ou se um governo deveria ajudar os pobres e, nesse caso, de que formas. Ou com quanto uma municipalidade deveria apoiar o acesso igualitário à educação. Ou se tarifas deveriam ser cobradas sobre bens e serviços de um país para outro. Ou se taxas de impostos deveriam ser estabelecidas e sobre quais tipos de renda. Ou se "créditos de carbono" deveriam ser implementados para administrar e, em última instância, desestimular a utilização de combustível fóssil. Frequentemente, tais decisões emperram entre facções políticas, que ficam discutindo ruidosamente que elas estão certas e seus oponentes errados. O que faz lembrar o provérbio mais que verdadeiro: "Se uma discussão dura mais que cinco minutos, ambos os lados estão errados."

Além disso, a Constituição de Rationalia estipula que um corpo de provas convincentes precisa existir como sustentação de uma ideia antes que uma política seja estabelecida e baseada nela. Qualquer ausência de dados pode ser ela mesma uma fonte de parcialidade. Em tal país, coletas de dados, observações cuidadosas e experimentos estariam acontecendo o tempo todo, influenciando praticamente todos os aspectos da vida moderna. Como resultado, Rationalia lideraria mundialmente as descobertas, porque essa prática estaria embutida no seu DNA, guiando como o governo opera e como seus cidadãos pensam. A ausência de dados relevantes também seria sabidamente uma fonte de parcialidade.

Em Rationalia, as ciências que estudam o comportamento humano (psicologia, sociologia, neurociência, antropologia, economia etc.) seriam fomentadas de modo significativo, uma vez que muito do nosso entendimento sobre como interagimos uns com os outros resulta das pesquisas em subáreas dessas disciplinas. Como seus objetos de estudo são os seres humanos, essas áreas são particularmente suscetíveis a tendenciosidades sociais e culturais. Assim, para essas ciências em especial, a verificabilidade das evidências seria objeto de grande preocupação e prioridade.

Em Rationalia, se quisermos fomentar as artes nas escolas, basta propor uma razão para isso. Essa medida aumenta a criatividade entre os cidadãos? A criatividade contribui para a cultura e para a sociedade em geral? A criatividade irá fazer diferença na nossa vida, independentemente da nossa escolha de profissão? Essas são questões testáveis. Elas apenas requerem pesquisa verificável para estabelecermos respostas. O debate termina rápido em face das evidências, e passamos então a outras questões.

Em Rationalia, uma vez que o peso da evidência está embutido na Constituição, todos seriam treinados desde a tenra idade em como obter e analisar evidências e como tirar conclusões a partir dos dados.

Em Rationalia, teríamos total liberdade de sermos irracionais. Só não seríamos livres para pautar políticas a partir de nossas ideias se o peso da evidência não desse embasamento a elas. Por essa razão, Rationalia talvez fosse o país mais livre do mundo.

Em Rationalia, os cidadãos teriam pena dos âncoras de TV por expressarem suas opiniões como fatos. Todos teriam uma altíssima capacidade de identificar conversa fiada sempre e onde quer que ocorresse.

Em Rationalia, se quiséssemos introduzir a pena de morte, por exemplo, precisaríamos apresentar uma razão para isso. Se a razão fosse acabar com os assassinatos, então toda uma máquina de pesquisas entraria em ação (caso isso ainda não tivesse sido feito) para verificar se, de fato, a pena de morte reduz o número de assassinatos. Caso isso não aconteça, então a política proposta fracassaria, e avançaríamos para outras. Se a pena de morte, de fato, reduz os assassinatos, então deveríamos prosseguir com a pergunta: se damos ao Estado o poder de tirar a vida de seus cidadãos, e este não possui o poder mágico de trazê-los de volta à vida, então o que acontece se descobrirmos, posteriormente, que uma pessoa que executamos era inocente do crime?

Em Rationalia, uma terra diversa e plural, seríamos livres para praticar religião. Apenas teríamos muita dificuldade de fazer políticas baseadas nela. Políticas, segundo a maioria dos significados pretendidos pela palavra, são regras que se aplicam a todos; no entanto, a maioria das religiões possuem regras que se aplicam apenas a seus seguidores.

Em Rationalia, pesquisas em psicologia e neurociência estabeleceriam quais níveis de risco estaríamos dispostos a assumir e de quanto de nossa liberdade precisaríamos abrir mão em troca de conforto, saúde, riqueza e segurança.

Em Rationalia, poderíamos criar um Departamento de Moralidade, onde os códigos morais seriam propostos e debatidos. Quais códigos morais os cidadãos de Rationalia adotariam? Isso seria, em si, um projeto de pesquisa. Nem sempre os países acertam. Tampouco Rationalia acertaria. A escravização de pessoas de pele escura é algo aceitável? A Constituição dos EUA achou que sim durante 76 anos. As mulheres deveriam votar? A Constituição dos EUA achou que não por 131 anos.

E se descobríssemos posteriormente que a Constituição de Rationalia precisaria de novas emendas, podemos ter certeza de que haveria evidência embasando-as. Num mundo assim, as pessoas ainda discutiriam, certamente, mas, muito provavelmente, não iriam à guerra por diferenças de opiniões. Os tribunais seriam bastiões do discurso racional, tornando os dramas de tribunal o gênero televisivo mais entediante já concebido. Esses poderiam ser os alicerces da justiça eterna e da paz duradoura. Ou talvez não fossem perfeitos por razões ainda a serem descobertas, mas seria o melhor que teríamos até então.

No fim das contas, tudo se resume a aprovar e seguir leis respeitadas por todos. Leis que exijam evidência objetivamente verificável para processar os criminosos. Leis que todos consideremos justas. Leis que, esperamos, perpetuem os interesses da civilização. E leis que promovam a harmonia da população em vez da discórdia. Além disso, se alguém cometer alguma infração leve, vamos querer compreender o porquê, de modo que as causas sejam avaliadas e corrigidas, evitando transgressões futuras. Nem sempre isso requer punição. Para que tais metas sejam alcançadas, precisamos de um sistema de leis baseado em verdades objetivas, que se aplique a todos, e não baseado em verdades políticas ou pessoais, que se aplique apenas a alguns.

Vamos torcer para que as pessoas de um futuro não muito distante vejam o sistema de justiça atual da mesma forma como vemos hoje o julgamento de morte por afogamento.

DEZ

CORPO & MENTE

A fisiologia humana pode estar sendo sobrestimada

Alguns de meus melhores amigos são feitos de elementos químicos. Na verdade, todos os meus melhores amigos são feitos de elementos químicos. Queremos muito que o corpo humano, e talvez a vida como um todo, seja mais do que apenas a soma de reações eletrobioquímicas. Seja você religioso ou não, referências a uma "alma" humana ou uma "energia espiritual" ou uma "força vital" representam exemplos comuns do que alimenta esses desejos. Independentemente disso, a parte química, em todos nós, continua a todo vapor. O gigantesco compêndio anual *Physician's Desk Reference* (PDR)[1] reúne todos os medicamentos disponíveis — mais de mil —, incluindo listas de produtores farmacêuticos, imagens coloridas dos

CORPO & MENTE | 249

medicamentos, doses recomendadas, efeitos colaterais, contraindicações, fórmulas químicas e qualquer outra informação pertinente para os médicos. Some-se a isso o número aparentemente incontável de medicamentos que não precisam de receita médica, suplementos alimentares e tratamentos fitoterápicos, e teremos um setor inteiro da economia mundial que cria e fornece produtos químicos para nosso bem-estar. Os fitoterápicos, sejam antigos ou modernos, funcionem ou não, continuam sendo uma infusão de produtos químicos em nosso corpo. Eles só não foram feitos em laboratório. Para viver uma vida sem aflições, precisamos confessar à natureza que, de vez em quando (ou quase sempre), somos um saco de produtos químicos que precisa da ajuda de outros produtos químicos para viver a vida plenamente. Dada a frequência com que as doenças nos afligem, da infância à vida adulta, e dada a frequência com que partes do nosso corpo apresentam defeitos, talvez devêssemos ficar surpresos com o fato de o corpo humano sequer funcionar.

Sendo assim, o quanto deveríamos ficar surpresos?

Meu professor de ciências da 7ª série era um grande fã do corpo humano. Ele gostava principalmente do coração, que consegue bombear durante oitenta anos ou mais sem pifar: "Nenhuma máquina que já construímos dura tanto tempo sem conserto." Ele também elogiava nossas mãos e pés, descrevendo-os como ápices do projeto evolucionário, com ossos, músculos, tendões e ligamentos, todos nos lugares certos. O *Homem Vitruviano*, a famosa ilustração de Leonardo da Vinci datada de 1490, ajudou a estabelecer este ideal. Ela mostra uma forma humana com os braços abertos, dentro de um círculo perfeito, capturando suas proporções geometricamente perfeitas. O centro exato do círculo? O umbigo humano. Pareciam fortes argumentos na época — eu tinha doze anos —, porém mais tarde aprendi que a localização do umbigo humano apresenta uma variação muito grande, e que morreríamos se passássemos uma semana sem beber água. A falência catastrófica de órgãos leva a uma parada cardíaca.[2] Então, na verdade, o coração precisa de manutenção constante. Só não enxergamos dessa forma.

Com relação à maravilha de nossos pés, cada um contendo 28 ossos e respectivos ligamentos e tendões,[3] corredores que não possuem pés fazem uso de lâminas curvas presas às suas pernas. Certamente você já viu algumas delas nas Paralimpíadas. Elas não se parecem em nada com os pés humanos, no entanto são projetadas para serem mais eficientes, em termos de energia, para andar e correr. Por essas e inúmeras outras razões, há pouco incentivo à invenção de robôs inteligentes que se pareçam exatamente conosco, dadas as falhas e limitações da forma humana.

Apesar de robôs hospedarem vírus indesejados de computadores, nós hospedamos micróbios bem-vindos. Muitos deles. Há mais bactérias vivendo e agindo em cada centímetro da seção inferior do nosso cólon do que a soma de todos os seres humanos que já existiram. Para elas, não somos nada mais que um reservatório anaeróbico acolhedor de matéria fecal. Quem é que manda? Nós, na maior parte do tempo. A não ser que perturbemos os micróbios — tirando-os de seu equilíbrio. Então eles assumem o comando, fazendo com que saibamos sempre qual é a distância exata até o banheiro mais próximo. Se contarmos todos eles, vivendo sinérgica e simbioticamente em nosso intestino e em nossa pele, encontraremos mais organismos vivos do que células do nosso corpo.[4] O número pode chegar a 100.000.000.000.000 (cem trilhões) de micróbios. Alguns deles podem inclusive influenciar quais comidas desejamos, como o chocolate, pois ele quebra moléculas grandes em moléculas menores, que passam mais facilmente para a nossa corrente sanguínea.[5] Você pensa que esse desejo é seu. Na verdade, é a bactéria chocólatra em seu intestino que está convocando os bombons.

E quanto aos nossos sentidos? O corpo humano, com seus caminhos biológicos e eletroquímicos complexos, é só o que temos para decifrar o meio ambiente. Os cinco sentidos tradicionais — visão, audição, tato, paladar e olfato — são devidamente estimados por sua capacidade de detectar estímulos externos. Essas sondas do nosso mundo são tão valorizadas que, se não possuirmos qualquer uma delas, somos considerados pessoas com deficiência.

De longe, o sentido da visão vem em primeiro lugar. O ponto mais distante visível ao olho humano é a Galáxia de Andrômeda, irmã gêmea da nossa Via Láctea, que está a dois milhões de anos-luz de distância, bem depois das estrelas do céu noturno. Em seguida, vem o sentido da audição. Se algum som começou alto, como um trovão, podemos ouvi-lo em todo o seu percurso até o limite do horizonte, a vários quilômetros de distância. Quanto ao nosso olfato, em geral conseguimos perceber, de qualquer lugar da casa, se alguém queimou o jantar, ainda que os detectores de fumaça tenham nos usurpado solenemente esse papel. Por fim, para sentir o gosto ou tocar as coisas é necessário que haja contato direto com o nosso corpo.

A ciência propriamente dita não alcançou a maturidade experimental antes que os engenheiros desenvolvessem ferramentas para aprimorar, estender e até substituir cada um de nossos cinco sentidos, eles mesmos altamente suscetíveis aos nossos estados mentais. E mais: descobrimos sentidos que estão bem além da fisiologia humana. De fato, nossos cinco sentidos biológicos empalidecem quando comparados às dezenas de "sentidos" que a ciência agora maneja, cada um oferecendo acesso extraordinário às operações da natureza. Detectamos completamente campos eletromagnéticos que de outra forma seriam invisíveis, incluindo ondas de rádio, micro--ondas, infravermelho, ultravioleta, raios X e raios gama. Medimos anomalias gravitacionais, a polarização da luz, a decomposição espectral da luz, concentrações químicas de partes por bilhão, pressão barométrica e composição atmosférica. Nos hospitais, temos aparelhos de imagem por ressonância magnética (RM) — uma aplicação brilhante de um fenômeno conhecido na física como ressonância magnética nuclear, que nos permite identificar e mapear as massas dos diferentes núcleos atômicos em um determinado volume. A máquina era inicialmente chamada de RMN, mas o "nuclear" é uma palavra proibida em nosso tempo. Então ele foi retirado da abreviatura, para que as pessoas não achassem que estariam sendo irradiadas mortalmente durante as medições. Os físicos Felix Bloch e Edward Purcell dividiram o Prêmio Nobel de 1952[6] por essa descoberta. Por acaso, Purcell foi também um dos meus professores de física na faculdade. Ele gostava de astrofísica e fez descobertas seminais relacionadas ao comportamento dos átomos de hidrogênio,[7] possibilitando àqueles que usam radiotelescópios encontrar e rastrear a existência de nuvens gigantescas de gás de hidrogênio na Via Láctea.

Altamente valorizado em hospitais, o aparelho de ressonância magnética não tem suas raízes na medicina. Nenhuma quantidade de dinheiro dada a pesquisadores da área médica teria impulsionado a descoberta dos princípios fundamentais da máquina. Isso porque a RM é baseada nas leis da física, descoberta por um físico amante das estrelas que não tinha qualquer interesse por medicina. O mesmo se aplica ao departamento inteiro de radiologia dos hospitais (incluindo raios X, tomografias computadorizadas e tomografia por emissão de pósitrons), eletroencefalograma, eletrocardiograma, oxímetros e ultrassom. E qualquer outro. Se o aparelho hospitalar tem um botão liga/desliga, provavelmente seu funcionamento é baseado em algum princípio da física. É assim que a coisa funciona. É assim que sempre funcionou. Para que o aparelho sequer exista, necessitamos de engenheiros biomédicos que enxerguem a utilidade de tal descoberta. O grande clamor para que se priorize o financiamento de pesquisas práticas em detrimento de pesquisas teóricas e o apelo insistente para que não se gaste dinheiro no espaço quando se pode gastá-lo na Terra representam desejos nobres, porém desinformados. Quer que a civilização avance? Financie tudo. Não sabemos de antemão quais descobertas irão transformar nossa área, oriundas de profissões diferentes das nossas.[8]

A tecnologia do ultrassom, em particular, contribuiu para um tema de constante debate a respeito do corpo humano. Durante quase cinco dos nove meses de uma gravidez, o feto humano não consegue sobreviver fora do útero, mesmo com cuidados médicos intensivos. Talvez algum dia saibamos como maturar um óvulo externamente, mas, por enquanto, esse dia parece fazer parte de um futuro distante. Nos EUA, as discussões se acirram quando se trata do quanto de controle damos ao Estado e a legisladores federais sobre o útero de suas cidadãs. Alguns grupos demográficos defendem fortemente que pessoas grávidas não deveriam ter o direito de pôr fim à gravidez após as seis primeiras semanas, quando já é possível detectar um batimento cardíaco via ultrassom.[9] Eles alegam assassinato.

Apenas um esclarecimento: esse seria o assassinato de um embrião humano não viável que não pesa mais que um clipe de papel. Observando essa comunidade mais atentamente, iremos encontrar uma forte influência de fundamentalistas e grupos cristãos conservadores. Entre os quinze estados mais religiosos,[10] onze já tinham leis prontas para banir ou restringir consideravelmente[11] o aborto assim que a Suprema Corte revogou o caso emblemático *Roe v. Wade*, de 1973, que dava jurisprudência à descriminalização do aborto. Claramente, a crença em um Deus cristão, compassivo e amável, e na santidade da vida humana (viável ou não) motiva fortemente essas opiniões. Eles não estão sendo maus cidadãos, estão sendo bons cristãos — embora dez entre esses onze estados também adotem a pena de morte.[12]

De um modo geral, três a cada quatro eleitores republicanos[13] apoiam alguma forma de postura antiaborto/pró-vida, estritamente garantida por lei, apesar de os republicanos em geral desejarem menos, e não mais, participação do governo em nossas vidas. Do ponto de vista da medicina, durante as oito ou nove semanas após a concepção, um humano não nascido é um embrião, e depois um feto, até o nascimento.[14] Em minha experiência, aquelas que se sentem felizes com a gravidez irão pensar em um "bebê" em seu útero. Essa pequena mudança no vocabulário encoraja ativistas conservadores pró-vida a caricaturar os ativistas liberais pró-escolha como sendo, ao mesmo tempo, favoráveis a "salvar as baleias" e "abortar os bebês". [15]

Vamos analisar as taxas de aborto recentes nos EUA. Dentre as mais de 5 milhões de gestações anuais entre 1990 e 2019,[16] praticamente 13% foram abortadas clinicamente.[17] No entanto, o próprio útero aborta espontaneamente até 15% de todas as gestações conhecidas durante as primeiras vinte semanas. Muitos outros abortos espontâneos passam despercebidos, pois ocorrem no primeiro trimestre, antes até que se saiba da gravidez. Combinados, o número de abortos espontâneos pode ultrapassar 30% de todas as gestações.[18] Assim, se Deus está no comando, então Deus aborta mais fetos que os médicos.

Apenas algumas perspectivas a serem consideradas ao tomarmos partido sobre quem controla nosso corpo.

* * *

Qual a importância da nossa fisiologia para a nossa subsistência e o nosso bem-estar? Estaríamos em desvantagem se parte de nossa fisiologia apresentasse alguma falha ou não funcionasse? O que significa, afinal, ser uma pessoa com deficiência ou incapacitada? Os dicionários nos dizem que tais condições restringem de forma importante nossas habilidades de funcionar física, mental ou socialmente. Talvez existam humanos-modelo em algum lugar — como casas-modelo — e tudo neles funcione perfeitamente. Podemos nos enfileirar, esperando ser comparados a eles e então determinar se falta algo em nós. Esses espécimes físicos teriam dedos, mãos, braços, pernas e pés que funcionam, além de sentidos apurados. Teriam estatura mediana e todos os seus órgãos funcionariam exatamente como nossos livros de medicina prescrevem. E nada os confundiria ou diminuiria sua capacidade mental.[19] Esse exercício cheira a chauvinismo sensorial e fisiológico. Qualquer que seja o ideal, não é o que somos. Indústrias inteiras existem para fazer com que nos sintamos inadequados, exigindo o investimento de uma quantidade ilimitada de tempo, dinheiro, ou ambos, para alcançar um status de normalidade. Essa ideia está profundamente arraigada. Tão arraigada que mal conseguimos pensar de outra forma. Mas vamos tentar.

Pode-se dizer que a composição mais famosa no cânone da música clássica é a *Nona Sinfonia* de Ludwig van Beethoven, concluída em 1824, quando ele já havia perdido completamente a audição. Beethoven era uma pessoa com deficiência? Ele ouviu durante a maior parte da vida — até quarenta e poucos anos —, então talvez ele não seja um bom exemplo.

Que tal a carta escrita em 10 de abril de 1930 para o capitão von Beck, do transatlântico *President Roosevelt*? O capitão havia levado uma passageira para conhecer a ponte de comando, alguém que posteriormente contou a experiência de maneira poética:[20]

> *Mais uma vez, fiquei com o capitão na ponte de comando e ele estava quieto e circunspecto na presença de "um milhão de universos" — um homem com o poder de um deus. (...) Na imaginação, vi o capitão ali de pé, contemplando os céus de amplo dossel e vendo a escuridão salpicada de estrelas, sistemas e galáxias.*

Essa passageira era Helen Keller, formada pela Faculdade Radcliffe em 1904, surda e cega desde os seus dezenove meses.

Hellen era uma pessoa com deficiência?

Matt Stutzman é um arqueiro medalhista que consegue superar a maioria das pessoas que já manejaram um arco e uma flecha numa competição. Ele também é fanático por carros. Ah, e ele nasceu sem braços. Ele atira suas flechas (e conserta seus carros) usando as pernas, os pés e dedos dos pés[21] de forma extraordinariamente hábil.

Matt Stutzman é uma pessoa com deficiência?

Jahmani Swanson[22] adora basquete, mas não era alto o suficiente para jogar na NBA, onde os jogadores têm em média mais de 2 metros de altura. Mesmo assim, Jahmani continuou a praticar o esporte arduamente, tornando--se cada vez melhor. Em 2017, ele foi descoberto pelos mundialmente famosos Harlem Globetrotters — time no qual joga desde então. Seu apelido lá é "Hot Shot" Swanson. Hot Shot é um adulto completamente formado, com 1,35 metro de altura, nascido com nanismo, uma condição genética que impede o crescimento dos ossos mais longos. Ele é um dos jogadores mais populares dos Harlem Globetrotters.

Hot Shot é uma pessoa com deficiência?

Temple Grandin não pensa como a maioria dos outros seres humanos. Na verdade, o modo como ela pensa é mais parecido com o dos animais de fazenda do que com o dos fazendeiros. Esse fato curioso a levou a uma vida dedicada à pecuária, culminando em um doutorado em zootecnia pela Universidade de Illinois. Autora de mais de sessenta artigos de pesquisa e uma dezena de livros, em 2010 ela estava na lista "Time 100" das pessoas mais influentes no mundo.[23] Aos dois anos de idade, seu desenvolvimento atrasado levou a um diagnóstico formal de "dano cerebral". Temple Grandin tem autismo, uma condição neurológica que, no seu caso, é responsável pelos insights únicos que ela tem sobre o funcionamento da mente dos animais de fazenda.

Temple Grandin é uma pessoa com deficiência?

Durante a maior parte de sua vida profissional, o físico Stephen Hawking não teve controle de seu corpo. Ele ficou paralisado por uma versão lenta e de início precoce de esclerose lateral amiotrófica — mais conhecida como ELA ou doença de Lou Gehrig. Durante todo o tempo de sua doença, seu cérebro ainda funcionava e ele fez descobertas fundamentais na física quântica dos buracos negros e da cosmologia. Em 1988, ele também escreveu *Uma breve história do tempo*, o maior best-seller de um livro de ciências de todos os tempos. Com o auxílio de máquinas que lhe permitiam ler e escrever, Hawking continuou publicando e tendo um senso de humor sarcástico durante toda a sua vida, até sua morte em 2018.[24]

Stephen Hawking era uma pessoa com deficiência?

Oliver Sacks era um célebre neurologista, pioneiro em várias subáreas de sua profissão. Ele também era um autor best-seller, que descrevia o cérebro humano como "a coisa mais impressionante no Universo". Ele levou uma vida bastante diversificada mesmo sofrendo de uma condição neurológica chamada prosopagnosia, também conhecida como "cegueira facial". Essa condição contribuiu para a sua timidez severa, uma vez que ele não conseguia reconhecer feições, ainda que reconhecesse todas as outras características das pessoas. Às vezes ele não reconhecia nem o próprio rosto no espelho.[25] Em 2012, após uma aula sobre alucinação na Faculdade Cooper Union na cidade de Nova York, perguntei a ele: "Se você pudesse voltar no tempo, tomaria uma pílula mágica em sua juventude que o curasse do seu transtorno neurológico?" Sem hesitar, ele respondeu: "Não." Seu interesse profissional pela mente humana havia sido completamente inspirado pelas disfunções em seu cérebro. Ele não trocaria isso por nada.

Oliver Sacks era uma pessoa com deficiência?

Jim Abbott quis ser jogador profissional de beisebol durante toda a vida — um sonho compartilhado por muitos garotos. Ele queria ser arremessador nas ligas principais. E conseguiu, jogando em vários times, emplacando um recorde misto de vitórias e derrotas. Porém, em 4 de setembro de 1993, enquanto jogava pelo renomado New York Yankees, ele conseguiu um *no-hitter* — partida em que nenhum batedor consegue rebater durante o jogo todo. Já houve cerca de 320 *no-hitters* na história da liga principal, dentre um total de 220 mil jogos. Devido a uma anomalia congênita, Jim Abbott nasceu sem a mão direita.

Jim Abbott é uma pessoa com deficiência?

Ludwig van Beethoven, Helen Keller, Temple Grandin, Stephen Hawking e Oliver Sacks foram todos inspiração para filmes de longa-metragem sobre suas vidas, representados por grandes atores. Matt Stutzman, Hot Shot e Jim Abbott certamente estão na fila. Todos eles são (ou eram) melhores no que faziam profissionalmente do que praticamente todos os outros seres humanos na Terra.

Talvez todos eles tenham conseguido essa façanha não apesar de suas deficiências, mas por causa delas.

Esse conceito não conhece limites. Por exemplo, se você não necessita de uma rampa para subir na calçada vindo da rua, mas uma pessoa em uma cadeira de rodas precisa, e essa pessoa na cadeira de rodas sabe cálculo vetorial melhor que você, deveríamos classificar o seu analfabetismo matemático como deficiência? Um aluno tem desenvolvimento atrasado ou o professor só é incompetente? Isso remete a um tweet meu de março de 2022: "Alguns educadores que se apressam em dizer 'Esses alunos não querem aprender' deveriam, em vez disso, dizer a si mesmos: 'Talvez eu seja muito ruim no que faço.'" (*Ver encarte de fotos no fim do livro.*)

Quem não é artista é uma pessoa com deficiência por não saber desenhar? Quando não somos bons em alguma coisa, normalmente tentamos outra. Em uma sociedade livre, há várias "outras coisas" por aí. Melhor ainda: faça o que você ama, independentemente dos esforços de outras pessoas para dissuadi-lo. Você pode ser muito bem-sucedido, apesar daqueles que são sempre do contra e buscam padronizar quem deveria e quem não deveria ter sucesso. O que me traz um provérbio moderno à mente:

Aqueles que foram vistos dançando foram considerados loucos por aqueles que não conseguiam ouvir a música.[26]

Talvez todos sejamos pessoas com deficiência de uma forma ou de outra. E, se for esse o caso, significa que ninguém é.

* * *

Como espécie, como nossa mente se enquadra nisso? A maioria de nós aceitou a ideia de que utilizamos apenas 10% do cérebro. Isso remonta há mais de um século, mas nunca foi verdade.[27] Ainda assim, essa noção persiste porque lá no fundo ela satisfaz nossos anseios. Os médiuns também querem que isso seja verdade para que possam afirmar que poderes inexplorados da mente nos aguardam. Os professores também querem que isso seja verdade para que possam motivar seus alunos com baixo rendimento. O restante de nós quer que isso seja verdade porque nos dá esperança em relação a nós mesmos. Exames do cérebro revelam que ativamos muito mais do que 10%, mas mostram também que uma fração do cérebro jamais se acende, independentemente do estímulo[28] — o equivalente neurológico da matéria escura cósmica.

Os humanos são, sem dúvida, as criaturas mais inteligentes que já existiram na árvore da vida da Terra. Nosso cérebro consome 20% da energia do corpo,[29] de modo que até nossa fisiologia valoriza esse órgão. Em nossa busca por inteligência extraterrestre, supomos que eles sejam, pelo menos, tão inteligentes quanto nós. Mesmo assim, alguns fatos simples deveriam nos forçar a parar para refletir. Quem avaliou os humanos como inteligentes? Os humanos. Aí está aquela arrogância de novo — um ego se autopromovendo. Vamos continuar. Somos imensamente mais inteligentes que a segunda espécie de vida mais inteligente na Terra — o chimpanzé. Ainda assim, compartilhamos mais de 98% de DNA idêntico com eles. Que diferença esses 2% fazem! Temos poesia, filosofia, arte e telescópios espaciais. Ao passo que o chimpanzé mais inteligente consegue empilhar caixas para alcançar uma banana que está no alto — algo que crianças pequenas humanas conseguem fazer. Ou talvez eles saibam escolher o tipo adequado de galho para extrair cupins suculentos de um cupinzeiro. Assim, como pode essa (pequena) diferença de 2% ser responsável por aquilo que declaramos ser nossa vasta inteligência comparada à dos chimpanzés?

Talvez a diferença em nossas respectivas inteligências seja tão pequena quanto essa diferença de 2% no DNA indica. Esse pensamento não ocorre a nenhum de nós por causa da quantidade de tempo que dedicamos a distinguir nosso lugar no reino animal. A árvore da vida está cheia de animais que fazem muitas coisas melhor que nós. Em outras palavras, se as Olimpíadas fossem abertas a todas as espécies de animais, perderíamos em praticamente todos os jogos. O lema "mais rápido, mais alto, mais forte" deixa os humanos muito para trás no reino animal.

Há uma coisa na qual somos melhores fisicamente do que todos os outros animais. Podemos perseguir qualquer animal terrestre à exaustão. Pinturas rupestres dos primeiros humanos frequentemente retratam caçadores de cervos, bisões e outros mamíferos de grande porte, incluindo mamutes. Todas essas espécies são mais fortes que nós e conseguem ser mais rápidas, deixando-nos para trás, mas não para sempre. Nosso corpo quase sem pelo nos permite suar eficientemente e esfriar durante a perseguição ao nosso jantar, enquanto nossas presas peludas acabam superaquecendo e desfalecendo. Lanças também ajudam, encurtando a perseguição. Essa tática funciona maravilhosamente bem, desde que sua presa seja herbívora. Se você perseguir um carnívoro, ele pode simplesmente se virar, passar a perseguir você e devorar a sua pessoa. Podemos imaginar que algum homem das cavernas que tenha tido vontade de comer carne de leão tenha sido rapidamente retirado do pool genético.

Corpos suados à parte, nosso maior recurso é o cérebro. Sim, temos cérebros enormes de mamíferos, mas eles não são os maiores. Baleias, elefantes e golfinhos possuem cérebros maiores que o nosso. Isso não é bom para o nosso ego. Vamos continuar tentando. Que tal dividir o peso do cérebro pelo peso corporal, formando uma proporção cérebro–massa corporal. Ahh. Assim é melhor. Um ranking de todos os mamíferos segundo essa métrica nos coloca em primeiro lugar, permitindo que nos sintamos bem com alguma coisa.

Com toda essa manipulação cerebral, surgem anomalias indesejadas.[30] Por exemplo, a proporção cérebro–massa corporal em camundongos se compara à dos humanos, portanto não dominamos essa lista. Se abrimos a lista para incluir todos os vertebrados, não apenas os mamíferos,

CORPO & MENTE | 265

perdemos para pequenos pássaros, como papagaios, e pássaros medianos, como corvos. Existe até um vídeo no YouTube mostrando uma pega-rabilonga bebendo água de uma garrafa na rua[31], mas com limitação de alcance do bico ao nível da água. Após cada gole, o nível baixa e a pega-rabilonga procura e encontra uma pedrinha que passe pelo bico da garrafa. O pássaro então joga a pedra, fazendo o nível da água subir, de modo que possa continuar a beber. No vídeo, a pega-rabilonga repete esse feito arquimediano sete vezes. Por séculos e milênios, uma coisa é certa: temos constantemente subestimado a inteligência de nossos companheiros animais — mais uma evidência de nosso ego frágil — e depois ficamos chocados quando eles fazem algo inteligente.

Se abrirmos a competição da proporção cérebro--massa corporal para todos os animais, não apenas os vertebrados, aí as formigas vencem de lavada. Na média, o cérebro humano representa 2,5% do nosso peso corporal, enquanto para algumas espécies de formigas o cérebro representa algo próximo a 15% do peso corporal. Refletindo sobre todos esses aspectos, somos forçados a concluir que alienígenas espaciais que viessem nos visitar e priorizassem o cérebro talvez procurassem conversar primeiro com as formigas, depois com os pássaros, então talvez com as baleias, os elefantes e os golfinhos. Em seguida, com os camundongos. E depois talvez — apenas talvez — com os humanos.

Constrangedor.

Mas conseguimos fazer deduções com nossa inteligência impressionante e construir coisas usando nossos polegares opositores. Sem dúvida, estamos no topo da lista nessas categorias, o que nos traz de volta à comparação homem–chimpanzé. Imagine uma vida alienígena com DNA 2% diferente do nosso, no mesmo vetor de inteligência que nos distingue dos chimpanzés. Seguindo essa linha, se os chimpanzés mais inteligentes fazem coisas que crianças pequenas humanas conseguem, então os humanos mais inteligentes conseguem fazer o que crianças pequenas alienígenas também conseguem. Alienígenas de verdade talvez não possuam nenhum DNA, mas isso não modifica o experimento mental. E se o equivalente alienígena dos nossos primatólogos procurasse pelo humano mais inteligente na Terra? Eles poderiam ter encontrado Stephen Hawking antes que ele morresse. Assim, eles o teriam levado em sua cadeira de rodas para sua conferência científica e declarariam que o bom professor consegue fazer cálculos astrofísicos de cabeça, assim como o pequeno Zadok Jr. voltando para casa, vindo da pré-escola. Zadok mostra então uma demonstração do teorema fundamental do cálculo para seus pais. Eles respondem: "Ahhh, que fofo. Vamos pegar um ímã para prender na porta da geladeira!"

Os pensamentos mais simples desses alienígenas adultos estariam muito além da compreensão humana. A simples frase "Vamos nos encontrar às 10:30 da manhã para um café e discutir o relatório quadrimestral antes que seja divulgado pela imprensa" contém meia dúzia de conceitos incompreensíveis para um chimpanzé. Considere ainda que, independentemente do quanto você for ruim em divisões longas, você é muito melhor do que qualquer chimpanzé jamais será. Dadas essas duras realidades, nossos alienígenas 2% mais avançados podem simplesmente não nos ver como inteligentes. Então imaginemos as ideias, descobertas e invenções de que eles seriam capazes. Na verdade, não podemos. Literalmente não conseguimos. Para eles, a diferença entre empilhar caixas para alcançar bananas e projetar e lançar telescópios espaciais é insignificante. Assim como para as formas de vida que possuam 5% ou 10% a mais de inteligência que os humanos; quanto maior essa porcentagem, mais eles nos verão como vemos os vermes.

Mas ainda piora.

Além de simples gestos manuais, não sabemos como nos comunicar de maneira significativa com chimpanzés. Não conseguimos sequer dizer a eles: "Voltem amanhã à tarde. Tenho uma nova remessa de bananas chegando para você." Dado o tamanho do esforço que investimos em tentar fazer com que mamíferos de cérebros grandes executem aquilo que pedimos, tendemos a medir sua inteligência pela habilidade de nos compreender, em vez de medir a nossa inteligência pela habilidade de entendê-los. Como não conseguimos nos comunicar de modo significativo com qualquer outra espécie de vida na Terra — nem com as geneticamente mais próximas de nós —, que audácia a nossa pensar que poderemos conversar com alguma forma de vida alienígena com quem fizermos contato.

Perspectivas cósmicas têm o poder de dar humildade à arrogância humana, o que é plenamente justificado. Mas a pergunta permanece: nós temos um lugar à mesa entre as formas de vida inteligentes do Universo? Temos capacidade intelectual para responder às perguntas cósmicas que propomos? Temos inteligência suficiente para saber quais perguntas formular?

* * *

Onde isso nos deixa? Será que a mente conseguirá algum dia compreender como o cérebro funciona? Da mesma forma, será que o Universo consegue criar algo mais complexo, mais capaz e mais melhor de bom do que o próprio Universo? Eu perco o sono com essas ideias e não é por causa do uso questionável da gramática. Talvez seja por causa do exemplo a seguir. Frequentemente admiramos a complexidade do cérebro humano: o fato de o número de neurônios que ele contém ser comparável ao número de estrelas na Via Láctea;[32] de que nós possuímos poderes impressionantes de racionalidade e reflexão; de que nosso lobo frontal nos confere raciocínio abstrato e de alto nível. Ainda assim, construímos computadores que nos superam em praticamente todas as competições de inteligência que já concebemos para nós mesmos. Você conhece a lista. É longa e humilhante. Agora, além de tudo isso, inclua também um computador mecânico que consegue resolver o famoso cubo mágico de Rubik em 0,25 segundo.[33] Não que eu seja um parâmetro nesse sentido, mas, sem ter

CORPO & MENTE | 269

lido qualquer uma das soluções, meu melhor tempo foi 76 segundos, há muitos anos. Isso é trezentas vezes mais devagar que a máquina. Os computadores estarão muito em breve dirigindo todos os nossos carros — de forma mais rápida, eficiente e com menos mortes no trânsito, em vez das 36 mil anuais que atualmente ocorrem só nos EUA, e cerca de 1,3 milhão no mundo todo.[34] Portanto, independentemente de o Universo ser capaz de fabricar algo mais complexo do que ele mesmo, nós conseguimos fabricar algo mais capaz do que nós mesmos, e estamos apenas no início.

Se uma pastilha de silício atravessada por uma corrente elétrica é capaz de superar nosso cérebro de tantas maneiras, talvez estejamos supervalorizando nossa capacidade de raciocínio. Não é de surpreender. Nós gostamos de pensar que somos o máximo. Lembre que há pessoas adultas e com bom nível de instrução entre nós que temem o número 13, que têm certeza de que a Terra é plana e que atribuem a culpa pelos acontecimentos infelizes de sua vida ao movimento retrógrado do planeta Mercúrio. E mais: substâncias químicas simples introduzidas no cérebro (ou removidas dele) perturbam enormemente nossa percepção da realidade objetiva. Se não agora, então em breve, à medida que o poder computacional continua aumentando, vamos certamente simular uma versão de nós mesmos em vídeo, muito mais racional do que jamais conseguiríamos ser — todas as boas características de sermos humanos e nenhuma das ruins.

Podemos nos perguntar se estamos vivendo nessa simulação hoje. O raciocínio é o seguinte: a vida inteligente naquele universo real evolui e inventa computadores poderosos para programar uma vida inteligente que seja tão realista que as próprias formas de vida acreditam que possuem livre-arbítrio e não têm a menor ideia de que são apenas uma simulação. Elas evoluem o suficiente para inventar os próprios computadores poderosos, e programam uma vida tão realista que tampouco sabe que é uma simulação. Continue esse exercício pelo tempo que quiser. Se fechar os olhos e lançar um dardo, você tem muito mais probabilidade de acertar um universo simulado do que o Universo original, onde tudo teve início. Assim, é provável que estejamos vivendo em uma simulação. Sim, é assim que o raciocínio prossegue. Mas, pensando bem, um computador concebido propositalmente não seria capaz de todo o comportamento frívolo e irracional que apresentamos durante a história da nossa espécie. Os computadores são melhores que isso. Portanto, essa pode ser a melhor evidência de que não vivemos em uma simulação. Pode chamar isso de defesa da frivolidade.

EPÍLOGO

Vida & Morte

Com olhos ingênuos, observar um feto crescer dentro de um útero e saltar para fora da região púbica de outro ser humano é um evento condizente com alienígenas espaciais e sua fisiologia imaginada. A menos que você seja obstetra ou parteira, o nascimento humano é um dos acontecimentos comuns mais raros que você vai testemunhar — no mundo inteiro, em média, quatro bebês nascem a cada segundo.[1] Com cada nascimento, uma nova consciência entra no mundo com uma expectativa de vida que só aumenta, graças aos avanços da medicina moderna. Outro acontecimento comum e raro é a morte. A não ser que você seja enfermeiro na Emergência de um hospital, médico-legista ou soldado da ativa em um conflito armado, talvez testemunhe a morte de apenas três ou quatro seres humanos em toda a sua vida. No entanto, no mundo todo, sessenta milhões de pessoas morrem por ano. Isso dá uma média de cerca de duas pessoas por segundo.[2]

Hoje podemos esperar viver o dobro do tempo que as pessoas viviam em 1900.[3] Ande pelos corredores de qualquer cemitério antigo e faça os cálculos. As datas de nascimento e morte gravadas em cada lápide são testemunhas silenciosas da curta expectativa de vida em eras remotas. Você ficará feliz por viver hoje e não em qualquer outra época do passado. Mas, daqui a cem ou duzentos anos, será que aqueles que caminharem pelos cemitérios onde estarão nossos restos mortais vão pensar o mesmo de nós, enquanto sentem pena da nossa expectativa de vida de meros oitenta anos? Será que eles viverão tempo suficiente para viajar entre os planetas distantes e as estrelas?

Suponha que pudéssemos viver para sempre.

É melhor estar vivo do que morto. Embora quase nunca valorizemos devidamente o fato de estarmos vivos. A pergunta permanece: se pudesse viver para sempre, você faria essa escolha? Viver para sempre significa ter todo o tempo do mundo para fazer o que quiser. Você poderia até liderar um motim em uma espaçonave geracional e retornar à Terra, se quisesse. Parece uma ideia tentadora, mas talvez a consciência da morte produza o foco que colocamos no fato de estarmos vivos. Se você vive para sempre, então qual é a pressa? Por que fazer hoje o que podemos deixar para amanhã? Talvez não haja força desmotivante maior do que a certeza de que iremos viver para sempre. Nesse caso, então, a consciência da mortalidade pode também ser uma força em si — o impulso

VIDA & MORTE | 273

de conquistar seus objetivos e a necessidade de expressar amor e afeição agora, não depois. Matematicamente, se a morte dá sentido à vida, então viver para sempre seria viver uma vida sem sentido.

Por essas razões, a morte talvez seja mais importante para a nossa saúde mental do que estamos dispostos a reconhecer. Se quisermos dar um buquê de flores coloridas à pessoa amada e essas flores forem de plástico, ou até de seda, elas serão menos apreciadas do que se fossem reais. Flores que vivem para sempre não dão o recado. Buscamos a beleza crescente de cada flor em um buquê, à medida que elas desabrocham uma a uma à luz do dia. Ficamos absortos pelos seus aromas irresistíveis. Aceitamos devidamente os cuidados que elas exigem. Abraçamos sua senescência à medida que seus caules se enfraquecem, incapazes de continuar sustentando o peso das pétalas desbotadas. Os floristas continuam nesse ramo porque a morte das flores — em geral uma semana após recebê-las — é exatamente o que dá a elas significado para as pessoas amadas. Compare-as às flores eternas que não necessitam de manutenção, jamais morrem, não possuem cheiro e continuam igualmente lindas após uma semana, um mês ou até mesmo um ano. Elas até juntam poeira.

Cachorros não são flores, mas contam uma história parecida. Já repararam no quanto ficam animados? Se deixarmos, os cachorros pulam em nós e lambem nosso rosto. Eles buscam e trazem as coisas que jogamos para eles. Ficam em êxtase quando voltamos para casa, mesmo se só tivermos ido até o portão de casa e retornado imediatamente. Eles amam cada minuto que passamos com eles. Para a maioria dos cães, cada dia conta. Os seres humanos vivem aproximadamente sete vezes mais que os cachorros.[4] Esta é a origem do famoso cálculo dos "anos caninos". Multiplique a idade real do seu cachorro por sete e você obterá a idade equivalente de um humano. Seguindo essa proporção de sete para um, um dia para um cão é equivalente a uma semana para um ser humano. Talvez seja por isso que eles façam cada dia valer a pena. Como flores em cima da cornija da lareira, não se passa um dia sequer sem que eles façam você notar sua presença e sorrir. Se a sua família adotou um cãozinho de estimação ainda filhote durante a sua infância, você o viu crescer, e talvez envelhecer e morrer quando estava no ensino médio ou na faculdade. Certamente você se lembra desses anos.

* * *

Nem tudo morre de velhice. Em oposição à ilusão coletiva de que a Mãe Natureza é uma entidade provedora e afetuosa que acolhe e protege todas as suas formas de vida, a Terra é, na verdade, uma máquina assassina gigante. Para além de todas as forças climáticas e geológicas que seriam capazes de nos matar imediatamente, como secas, enchentes, furacões, tornados, terremotos, tsunamis e vulcões, há uma quantidade infinita de criaturas que querem sugar nosso sangue, nos injetar veneno, infectar nossa fisiologia ou simplesmente nos devorar.

VIDA & MORTE | 275

O Universo também quer nos matar.

Pelo menos um dos seis episódios de extinção na linha do tempo da Terra — o evento do Cretáceo–Terciário (K-T)[5] 66 milhões de anos atrás — foi acionado parcial ou completamente pelo impacto de um asteroide solitário do tamanho do Monte Everest.[6] Sem qualquer programa espacial na época para defletir o gerador do impacto, foi um momento infeliz para os dinossauros. E também para 70% de todas as espécies terrestres e marítimas. Elas também foram extintas. E se você acha isso ruim, durante a chamada extinção do Permiano–Triássico, há 250 milhões de anos, a vida na Terra quase acabou completamente.[7]

Os humanos modernos são cúmplices da ira da Mãe Natureza. Nossa invasão a ecossistemas imaculados está gerando a extinção de espécies a um ritmo mil vezes maior do que o que ocorreria naturalmente.[8] Os geólogos deram um nome a um intervalo de tempo para identificar nossa perturbação da biosfera da Terra: desde os primórdios da agricultura, 11.700 anos atrás, até os dias de hoje, eles chamam de a Época Holocênica.

De todas as espécies que já viveram na Terra, 99,9% delas já foram extintas.[9] Quem sabe quais maravilhas da biodiversidade morreram no mundo por falta de sorte, força ou desejo de sobreviver?

* * *

Suponhamos que, de fato, vivêssemos para sempre. Um problema prático: se cada pessoa nascida não morresse nunca e se as pessoas continuassem a gerar bebês, a população da Terra iria rapidamente esgotar os recursos que a sustentam. Portanto, o dia em que pararmos de morrer também deverá ser o dia em que precisaremos encontrar outra esfera para acomodar toda a superpopulação de humanos respirantes. Essa necessidade por outros planetas não irá cessar jamais. Mas o Universo é vasto e, apenas no nosso pequeno setor da Galáxia, os catálogos já estão contabilizando mais de cinco mil exoplanetas conhecidos. Só precisamos inventar tecnologias de terraformação e transporte por meio de dobras espaciais ou buracos de minhoca, e tudo ficará bem. Queremos viver para sempre porque tememos a morte. Tememos a morte porque nascemos conhecendo apenas a vida. No entanto, não tememos não ter nascido. Embora certamente seja melhor estar vivo do que morto, é ainda melhor estar vivo do que nunca ter existido. Através dos tempos, as religiões ofereceram descrições detalhadas do que acontece após a morte. Para algumas, isso inclui o que aconteceu antes de nascermos — um princípio básico da reencarnação. A ciência não tem muito a dizer sobre Valhalla, Elísio, Hades, Céu, Inferno ou sobre os espíritos de seus ancestrais. Os métodos e as ferramentas da ciência fornecem, no entanto, afirmações frias e concretas sobre o que acontece quando morremos. Passamos a vida inteira ingerindo comida, que, entre outras coisas, provê calorias ao nosso corpo. Uma caloria é simplesmente uma unidade de energia. O corpo produz calor a partir dessas calorias, mantendo a temperatura corporal de aproximadamente

VIDA & MORTE | 277

37° Celsius apesar de nada ao nosso redor ficar tão quente assim. Biologicamente, os humanos precisam estar a essa temperatura para funcionar. Também precisamos de energia para andar, falar e fazer coisas enquanto estamos acordados. Também precisamos de energia quando não estamos fazendo nada. Essas são as principais razões pelas quais comemos.

No instante em que morremos, paramos de metabolizar nossas calorias e a temperatura do nosso corpo cai lentamente para a temperatura ambiente. Em um funeral, se tocarmos a pessoa no caixão — a mão exposta ou um braço cruzado —, percebemos instantaneamente que o corpo está frio. Mesmo à temperatura ambiente, o corpo parece frio quando comparado à mão de uma pessoa viva que ainda está queimando energia.

A maioria das moléculas biológicas abriga energia. Quando alguém é cremado — e as moléculas queimam —, essa energia escapa na forma de calor, que aquece o ar das chaminés do crematório, e então irradia como fótons infravermelhos para a atmosfera da Terra e, por fim, para o espaço, viajando à velocidade da luz. Pode parecer morbidamente romântico, mas, quando eu morrer, prefiro ser enterrado. Minha energia infravermelha atravessando o vácuo do espaço não será de utilidade para ninguém nem para qualquer coisa em momento algum. Ponham-me na terra, a sete palmos de profundidade, e deixem os vermes e micróbios rastejarem pela minha carcaça enquanto se alimentam da minha carne. Deixem que os sistemas radiculares das plantas e dos reinos fúngicos extraiam nutrientes do meu corpo. O conteúdo energético das minhas moléculas, que reuni durante toda a vida através do consumo da flora e da fauna desta Terra, vai retornar a elas, dando continuidade ao ciclo da vida da biosfera.

Na morte, não há evidências de que tenhamos a mesma consciência que tivemos enquanto vivos. A fonte eletro-química de todos os nossos pensamentos, sentimentos e consciência sensorial do Universo — nosso cérebro, que normalmente se ilumina numa ressonância magnética — torna-se privado de oxigênio. Sabemos que esse é o nosso desaparecimento porque as pessoas que experimentam uma série de acidentes vasculares cerebrais fatais perdem trágica e sistematicamente o funcionamento da mente e do corpo enquanto mergulham em um estado de não existência. Isso não é tão estranho quanto parece. Você tinha consciência antes de ser concebido? Alguma vez se queixou: "Onde estou? Como assim não estou na Terra?" Não, você simplesmente não existia e, se você teve a sorte de nascer, sua não existência anterior à vida é o par perfeito para a sua não existência após a morte.

* * *

Deixando de lado qualquer valor imensurável que as religiões possam atribuir à vida, os economistas não têm qualquer hesitação moral em calcular o quanto valemos mortos. Tribunais de responsabilidade civil vêm fazendo isso há anos, usando diversas abordagens.[10] Os cálculos mais simples estimam nossa renda futura caso,

VIDA & MORTE | 279

pela negligência de outras pessoas, percamos a vida ou nos tornemos permanentemente incapacitados e não possamos mais ser responsáveis pelo nosso sustento.

Outro cálculo amostral[11] vem de atrair pessoas para trabalhar num emprego perigoso que lhes pague mais do que um outro equivalente que não apresente nenhum risco de vida. Se você quiser US$ 400 a mais por ano para aceitar um emprego que tenha 1 chance em 25 mil de morrer naquele mesmo ano, quer você saiba ou não, terá valorizado pessoalmente sua vida em cerca de US$ 400 × 25.000 = US$ 10 milhões.

Em um tipo diferente de cálculo, podemos avaliar seu débito com a civilização. Do seu nascimento ao momento em que conseguiu o primeiro emprego, seja após o ensino médio ou após a faculdade, sua família, sua cidade, seu estado e seu país investiram em você. Toda criança precisa de comida, fraldas e abrigo. Dependendo do seu nível de privilégios — se teve acesso a uma creche, a babás ou a escolas particulares caras —, o cálculo pode chegar a um milhão de dólares por criança. Então, vejamos uma estimativa para uma família de renda média com dois filhos. São US$ 233.000[12] para se criar uma criança do nascimento aos 18 anos de idade. Se frequentar uma faculdade pública por mais quatro anos, some mais US$100.000. Se for uma faculdade particular, dobre esse valor. Nesse momento, se você morrer, centenas de milhares de dólares investidos em você e no seu futuro se evaporam instantaneamente. Todas as oportunidades de retorno desse investimento vão por água abaixo. Ainda assim, é exatamente nessa idade que se é recrutado para as forças armadas. Dos 58 mil norte-americanos mortos no Vietnã, a última guerra a convocar soldados, 61% tinham 21 anos de idade ou menos.[13] São 35 mil pessoas, mortas no exato momento em que iriam começar a dar retorno econômico. Os fanáticos por guerra diriam que a vida dada em batalha é o maior retorno ao país. Se é melhor estar vivo do que morto, então o maior retorno seria fazer o possível para não nos matarmos uns aos outros pelo simples fato de termos visões de mundo diferentes, garantindo uma vida longa e saudável para todos.

Consideremos que em geral os seres humanos são concebidos no ato mais íntimo de afeição humana. Então somos gestados no útero por nove meses, mamamos por outros doze meses e necessitamos de cuidados contínuos pelos nossos primeiros anos. Depois, os humanos frequentam o ensino fundamental para aprender a ler, escrever e fazer contas. Ainda no ensino fundamental e depois no ensino médio também aprendemos biologia, química e talvez física. Lemos obras de literatura. Aprendemos história, artes e talvez até pratiquemos esportes. Amizades vitalícias germinam dessas atividades. Podemos também aprender línguas faladas por outros humanos ao redor do mundo. Participamos de todos os rituais sazonais que retemos na sociedade moderna como laços que nos mantêm unidos. A vida adulta chega. Vinte e um anos se passaram. Numa velocidade de 30 quilômetros por segundo, a Terra completou 21 órbitas ao redor do Sol — um total de 20 bilhões de quilômetros através do espaço.

VIDA & MORTE | 281

Simultaneamente, os humanos inventam, refinam e aperfeiçoam armas antipessoais como minas terrestres, fuzis de assalto, mísseis e bombas, todos com a capacidade de acabar com uma vida em um instante. Quanto dura um instante? Uma bala de fuzil, deslocando-se três vezes mais rápido que a velocidade do som, pode atravessar o peito, abrir um buraco no coração e emergir nas costas em menos de quatro décimos de milésimos de segundo — antes mesmo de o barulho do disparo ser ouvido. No caso de uma bomba de qualquer tamanho, as ondas de choque fazem a maior parte do estrago. A força da rápida expansão do ar, ao chegar ao alvo, consegue despedaçar o corpo em um milésimo de segundo. Podemos também morrer prematuramente em um acidente ou por alguma doença, mas inventamos tais armas com o único propósito de matar outros humanos — nossa própria espécie — em um instante. As guerras já cobraram um preço muito alto à vida humana desde a pré-civilização. Ainda assim, mesmo excluindo os conflitos armados organizados, os seres humanos encontram razões para assassinar outros humanos numa frequência que excede 400 mil por ano — sim, no mundo todo, os seres humanos cometem mais de mil homicídios por dia.

Apesar de toda essa carnificina, os humanos não são os animais mais mortais contra os humanos. Esse privilégio tampouco vai para leões, tigres ou ursos. Nem para cobras ou tubarões. Vai para os mosquitos, transmissores de infecções virais como zika, dengue e, especialmente, o parasita da malária, responsável por mais de meio milhão de mortes por ano,[14] a maioria crianças pequenas. A Mãe Natureza, mais uma vez, mostrando-se letal.

* * *

Você tem consciência — de verdade — do quanto a vida é preciosa?

O número total de pessoas nascidas em todos os tempos é cerca de 100 bilhões. Ainda assim, o código genético que gera versões viáveis de cada indivíduo tem a capacidade de pelo menos 10^{30} variações.[15] Esse número astronomicamente alto é o dígito 1 seguido por 30 zeros, prevendo um milhão de trilhões de trilhões de almas possíveis. Passe por todas elas e você chegará a si mesmo — ou, pelo menos, a um gêmeo seu. Mas isso não vai acontecer tão cedo. Até o momento, nosso ramo da árvore da vida não produziu mais do que 0,00000000000000001% de todos os humanos possíveis, o que leva à conclusão de que a maioria das pessoas que poderiam existir jamais será concebida.[16] Cada um de nós, para todos os fins práticos, é único no Universo — agora e sempre.

Enquanto estamos vivos é hora de celebrar o fato de estarmos vivos — cada momento acordado. E, nesse processo, por que não nos esforçarmos para tornar o mundo hoje um lugar melhor do que ontem, pelo simples privilégio de ter vivido nele? Em meu leito de morte, estarei triste por perder as invenções e descobertas inteligentes que surgem de nossa engenhosidade humana coletiva, supondo que os sistemas que promovem tais avanços continuem intactos. Foi isso que alimentou o crescimento exponencial da ciência e da tecnologia durante meu tempo de vida. Eu também me perguntarei se o arco do progresso social da civilização continuará — com seus trancos e barrancos — de forma a recompensar qualquer viajante do tempo de um espectro oprimido da humanidade que escolha visitar o futuro em vez do passado.

Na morte, lamentarei perder a vida adulta dos meus filhos. Mas isso não é nenhuma tragédia. Apenas um anseio egoísta contra algo que é natural e normal. O esperado é que eu morra antes deles. A verdadeira tragédia é quando nossos filhos morrem antes de nós. Algo que as famílias que perderam filhos, filhas, irmãos e irmãs em guerras conhecem muito bem.

* * *

De uma forma geral, eu não temo a morte. Pelo contrário: temo uma vida em que eu poderia ter realizado mais. Um epitáfio digno de uma lápide vem de um educador do século XIX, Horace Mann:[17]

> *Imploro a vocês que guardem em seus corações estas minhas palavras de despedida.*
> *Envergonhem-se de morrer antes de conquistar alguma vitória para a humanidade.*

Nosso impulso primordial de continuar olhando para cima é certamente maior do que nosso impulso primordial de continuar nos matando uns aos outros. Sendo assim, a curiosidade e a fascinação humanas, as carruagens gêmeas da descoberta cósmica, garantirão que mensagens siderais continuem a chegar. Esses insights nos impelem, durante o nosso curto tempo na Terra, a nos tornarmos pastores melhores de nossa própria civilização. Sim, a vida é melhor que a morte. A vida também é melhor do que nunca ter nascido. Mas cada um de nós está vivo contra todas as probabilidades. Ganhamos na loteria — uma única vez. Temos a chance de invocar nossas faculdades da razão para tentar entender como o mundo funciona. Mas também a chance de sentir o perfume das flores. De aproveitar o pôr do Sol e o nascer do Sol divinos, e de admirar o céu noturno que eles emolduram. Temos a chance de viver, e por fim morrer, neste Universo glorioso.

AGRADECIMENTOS

Para um livro com este escopo, sou grato às pessoas que leram as primeiras (e últimas) versões e ofereceram comentários que são fruto de suas paixões, interesses e expertises: meus amigos do Museu Americano de História Natural Ian Tattersall (paleontólogo) e Steven Soter (astrofísico) forneceram insights preciosos que aprofundaram minha abordagem de vários assuntos. Os amigos Gregg Borri (advogado e historiador militar), Jeff Kovach (investidor), Paul Gamble (ex-advogado da Marinha e juiz), Ed Conrad (economista conservador), Erin Isikoff (romancista medieval), Heather Berlin (neurocientista) e Irwin Redlener (médico e ativista da saúde pública) — cada um ofereceu expertise que serviu a temas afins neste livro. Tenho o privilégio de contar com esta gama de profissionais ao meu alcance. Magatte Wade (empresária da cultura) e Nicholas Christakis (sociólogo), ambos colegas recentes, também forneceram insights que embasaram e aprimoraram vários dos argumentos apresentados.

Meu irmão Stephen Tyson Sr. (artista e filósofo) contribuiu com verdade e beleza, como qualquer bom artista faria. Minha filha Miranda Tyson (educadora de justiça social) e meu filho Travis Tyson (concluinte na universidade) deixaram claro que eu talvez jamais esteja alinhado às suas perspectivas atuais e militantes do mundo, o que ajudou a trazer várias passagens do livro à terceira década do século XXI, à qual eles pertencem. Minha cunhada Gretchel Hathaway (especialista em diversidade, equidade e inclusão) também me ofereceu alguns comentários atualizados politicamente. Meu primo Greg Springer (rancheiro libertário do sul do Texas) me ajudou a acertar alguns pontos de vista que eu não sabia que necessitavam de ajuste. Minha sobrinha Lauryn Vosburgh (consultora de bem-estar) é uma racionalista da Nova Era e meu conduíte para esse mundo de pensamento. Tamsen Maloy (ex-mórmon e vegetariano de longa data) me ajudou a encorpar vários tópicos que eu talvez houvesse tratado apenas de forma superficial. O comediante Chuck Nice ofereceu conselhos em algumas expressões para aumentar as chances de o leitor abrir um sorriso. E minha esposa, Alice Young (física matemática), sábia em todas as frentes, ofereceu comentários valiosos e cheios de insight onde eu mais precisava e onde menos esperava.

Também sou grato ao tradutor de *Mensageiro das estrelas* para o holandês, Jan Willem Nienhuys, que conhece meu trabalho de livros anteriores. Ele é profundamente

AGRADECIMENTOS | 287

fluente em matemática, física e astronomia, e consegue pegar erros expressos e de omissão que passaram despercebidos por mim e por uma dezena de outros especialistas.

Nem toda análise acontece por meio de ferramentas de busca na internet. Algumas quantificações aparentemente simples aqui apresentadas derivam de compilações extensas de dados. Por isso, agradeço à pesquisadora Leslie Mullen por sua habilidade em destilar conhecimento vibrante a partir de dados inanimados.

Também sou grato ao amigo Rick Armstrong por me colocar em contato com Kimberly Mitchell, filha de Edgar Mitchell (*Apollo 14*). Tenho a felicidade de poder contar com sua amizade agora, e ela não é menos engajada do que o pai em fazer o bem ao mundo. A epígrafe de *Mensageiro das estrelas*, de Edgar Mitchell, abre o portal através do qual flui o livro inteiro.

Continuo a me encantar com o entusiasmo que a Henry Holt & Company demonstrou por este projeto, especialmente através de Tim Duggan (diretor-executivo), Sarah Crichton (editora-chefe) e Amy Einhorn (editora). O que planejei e o que eles imaginaram para o livro estavam em plena sintonia.

Por último, mas não menos importante, Betsy Lerner (poeta e agente literária), que apoia meus escritos há trinta anos. Ela ajudou a refinar o conteúdo de todos os capítulos do livro, aconselhando no tom e no ritmo enquanto ainda invocava, nesse processo, suas sensibilidades altamente literárias.

NOTAS

DEDICATÓRIA

1. Joseph P. Fried, "Cyril D. Tyson Dies at 89: Fought Poverty in a Turbulent Era" [Cyril D. Tyson morre aos 89 anos: Lutou contra a pobreza em uma era turbulenta], *New York Times*, 30 de dezembro de 2016, acesso em 19 de janeiro de 2022, https://www.nytimes.com/2016/12/30/nyregion/cyril-degrasse-tyson-dead.html.

PRÓLOGO: CIÊNCIA & SOCIEDADE

1. Michael Shermer, *The Believing Brain* (Nova York: Times Books, 2011). Edição em português: *Cérebro e crença* (São Paulo: JSN Editora, 2012).

2. A. I. Sabra, ed., *The Optics of Ibn al-Haytham, Books I-III: On Direct Vision* [A ótica de Ibn al-Haytham, Livros I-III: Sobre a visão direta], texto em árabe, editado e com introdução, glossários arábico-latinos

e tabelas de concordância (Kuwait: Conselho Nacional de Cultura, Artes e Letras, 1983).

3. *The Notebooks of Leonardo da Vinci,* vol. 2 [Os cadernos de Leonardo da Vinci], trad. Jean Paul Richter, capítulo XIX: Máximas filosóficas. Moral. Polêmicas e especulações. II. Moral; Sobre Tolice e Ignorância. Máximas n. 1.180 (Nova York: Dover, 1970), 283-311, acesso em 19 de março de 2022, https://en.wikisource.org/wiki/The_Notebooks_of_Leonardo_Da_Vinci/XIX.

CAPÍTULO UM: VERDADE & BELEZA

1. John Keats, "Ode on a Grecian Urn", acesso em 1º de março de 2022, https://www.poetryfoundation.org/poems/44477/ode-on-a-grecian-urn.

2. João 14:6, versão do rei James.

3. Data e hora estabelecidas pelo autor a partir da fase da Lua, sua orientação e elevação no céu em relação a Vênus.

4. Clifford M. Yeary, "God Speaks to Us on Tops of Mountains" [Deus fala conosco nos topos das montanhas], Catholic Diocese of Little Rock (site), 26 de abril de 2014, acesso em 30 de outubro de 2021, https://www.dolr.org/article/god-speaks-us-tops-mountains.

NOTAS | 291

5 Dave Roos, "Human Sacrifice: Why the Aztecs Practiced This Gory Ritual [Sacrifício humano: por que os astecas praticavam esse ritual sanguinolento], História, 11 de outubro de 2018, acesso em 30 de outubro de 2021, https://www.history.com/news/aztec-human-sacrifice-religion.

6. Paul Simons, "The Origin of Cloud 9" [A origem da nona nuvem], *The Times* (Londres), 6 de setembro de 2016, acesso em 30 de outubro de 2021, https://www.thetimes.co.uk/article/weather-eye-7ftq5tvd2.

7. O ramo da astrofísica contém vários catálogos sobre várias coisas. Aqui nós mencionamos: PSR: Pulsating Source of Radio [Fonte Pulsante de Rádio] — pulsares; NGC: New General Catalogue of Nebulae and Clusters of Stars [Novo Catálogo Geral de Nebulosas e Aglomerados de Estrelas]; IC: Index Catalogue of Nebulae and Clusters of Stars [Catálogo de Índices de Nebulosas e Aglomerados de Estrelas] — uma extensão do NGC.

8. *StarTalk Radio*, "Decoding Science and Politics with Bill Clinton" [Decodificando ciência e política com Bill Clinton], 6 de novembro de 2015, acesso em 30 de outubro de 2021, https://www.startalkradio.net/show/decoding-science-and-politics-with-bill-clinton/.

9. National Geographic Society Resource Library, "Biodiversity" [Biodiversidade], acesso em 30 de

outubro de 2021, https://www.nationalgeographic. org/encyclopedia/biodiversity/.

10. Hannah Ritchie e Max Roser, "Mass Extinctions" [Extinções em massa], *Our World in Data*, acesso em 25 de setembro de 2023, https://ourworldindata. org/mass-extinctions.

11. Não é um erro. É um fato pouco conhecido que a parte visível de um raio pode se mover do chão à nuvem e não vice-versa.

12. Joyce Kilmer, "Trees" [Árvores], Oatridge, acesso em 2 de novembro de 2021, https://www.oatridge. co.uk/poems/j/joyce-kilmer-trees.php.

CAPÍTULO DOIS: EXPLORAÇÕES & DESCOBERTAS

1. Simon Mundy, "Indian Critics Push Back Against Modi's Space Programme Plans" [Críticos da Índia se opõem aos planos do programa espacial de Modi], *Financial Times*, 27 de agosto de 2018, acesso em 11 de julho de 2021, https://www.ft.com/content/ edeb1846-a691-11e8-8ecf-a7ae1beff35b.

2. "Poverty in India: Facts and Figures on the Daily Struggle for Survival" [Pobreza na Índia: fatos e números sobre a luta diária pela sobrevivência], SOS Children's Villages, acesso em 11 de julho de 2021, https://www.soschildrensvillages.ca/news/ poverty-in-india-602.

NOTAS   293

3. T. S. Eliot, "Little Gidding", *Four Quartets*, 1942, acesso em 8 de julho de 2020, http://www.columbia. edu/itc/history/winter/w3206/edit/tseliotlittlegi-dding.html.

4. "Columbus Reports on His First Voyage, 1493" [Colombo relata sua primeira viagem, 1493], Gilder Lehrman Institute of American History, acesso em 9 de julho de 2021, https://www.gilderlehrman. org/history-resources/spotlight-primary-source/columbus-reports-his-first-voyage-1493.

5. Neil deGrasse Tyson, "Paths to Discovery" [Caminhos para a descoberta], em *The Columbia History of the 20th Century*, editado por Richard Bulliet (Nova York: Columbia University Press, 2000), 461.

6. Daniele Fanelli e Vincent Larivière, "Researchers' Individual Publication Rate Has Not Increased in a Century" [A taxa de publicação individual dos pesquisadores não aumentou em um século], *PLOS ONE* 11, n. 3 (9 de março de 2016), acesso em 10 de julho de 2021, https://journals.plos.org/plosone/article?id=10.1371/journal.pone.0149504.

7. "US Patent Statistics Chart Calender Years 1963-2020" [Tabela de estatísticas de patentes dos EUA nos anos civis 1963-2020], US Patent and Trademark Office, acesso em 19 de julho de 2021, https://www. uspto.gov/web/offices/ac/ido/oeip/taf/us_stat.htm.

8. "History of the Bicycle: A Timeline" [História da bicicleta: uma linha do tempo], Joukowsky Institute for Archaeology and the Ancient World, Brown University, acesso em 8 de julho de 2021, https://www.brown.edu/Departments/Joukowsky_Institute/courses/13things/7083.html.

9. "Italians Establish Two Flight Marks [Italianos estabelecem dois marcos na aviação], *New York Times*, 3 de junho de 1930.

10. Carta original da biblioteca do autor.

11. Hans M. Kristensen e Matt Korda, "Status of World Nuclear Forces [Status das Forças Nucleares Mundiais], Federation of American Scientists, acesso em 9 de julho de 2021, https://fas.org/issues/nuclear-weapons/status-world-nuclear-forces/.

12. Neel Burton, "When Homosexuality Stopped Being a Mental Disorder" [Quando a homossexualidade deixou de ser um transtorno mental], *Psychology Today*, 18 de setembro de 2015, acesso em 8 de setembro de 2021, https://www.psychologytoday.com/us/blog/hide-and-seek/201509/when-homosexuality-stopped-being-mental-disorder.

13. Relato de comunicação pessoal no 25º Aniversário de Gala da Sociedade Planetária, Los Angeles, 2005.

14. Eclesiastes 1:9, versão rei Jaime.

NOTAS | 295

CAPÍTULO TRÊS: TERRA & LUA

1. Mike Massimino, *Spaceman: An Astronaut's Unlikely Journey to Unlock the Secrets of the Universe* [Homem no espaço: A jornada improvável de um astronauta para desvendar os segredos do Universo] (Nova York: Crown/Archetype, 2016).

2. Worldometer, "GDP per Capita" [PIB per capita], acesso em 8 de julho de 2021, https://www.worldometers.info/gdp/gdp-per-capita/.

3. Alice George, "How Apollo 8 'Saved 1968'" [Como a *Apollo 8* "salvou 1968"], *Smithsonian*, 11 de dezembro de 2018, acesso em 6 de julho de 2021, https://www.smithsonianmag.com/smithsonian-institution/how-apollo-8-saved-1968-180970991/; Kelli Mars, ed., "Dec. 27, 1968: Apollo 8 Returns from the Moon" [27 de dezembro de 1968: Apollo 8 retorna da Lua], NASA, atualizado pela última vez em 27 de dezembro de 2019, acesso em 6 de julho de 2021, https://www.nasa.gov/feature/50-years-ago-apollo-8-returns-from-the-moon.

4. Christine Mai-Duc, "The 1969 Santa Barbara Oil Spill That Changed Oil and Gas Exploration Forever" [O derramamento de óleo de Santa Bárbara em 1969 que mudou a exploração de petróleo e gás para sempre], *Los Angeles Times*, 20 de maio de 2015, acesso em 28 de março de 2022, https://www.latimes.com/

local/lanow/la-me-ln-santa-barbara-oil-spill-1969-
-20150520-htmlstory.html.

5. Jerry M. Lewis e Thomas R. Hensley, "The May 4 Shootings at Kent State University: The Search for Historical Accuracy" [O tiroteio de 4 de maio na Kent State University: a busca pela precisão histórica], Kent State University, acesso em 6 de julho de 2021, https://www.kent.edu/may-4-historical-
-accuracy.

6. "About Us: The History of Earth Day" [Sobre nós: a história do Dia da Terra], Earth Day (site), acesso em 6 de julho de 2021, https://www.earthday.org/history/.

7. "Earth Day" [Dia da Terra], Wikipedia, acesso em 6 de julho de 2021, https://en.wikipedia.org/wiki/Earth_Day.

8. Water and Power Associates, "Smog in Early Los Angeles" [Nevoeiro com fumaça na antiga Los Angeles], acesso em 6 de julho de 2021, https://waterandpower.org/museum/Smog_in_Early_Los_Angeles.html.

9. (1) *Use of Pesticides: A Report of the President's Science Advisory Committee* [Uso de pesticidas: um relatório do Comitê Consultivo Científico do Presidente], President's Science Advisory Committee, maio de 1963.

(2) *Restoring the Quality of Our Environment: A Report of the Environmental Pollution Panel President's Science Advisory Committee* [Restaurando a qualidade do nosso meio ambiente: um relatório do Painel de Poluição Ambiental do Comitê Consultivo Científico do Presidente], President's Science Advisory Committee, novembro de 1965.

(3) *Report of the Committee on Persistent Pesticides: Division of Biology ad Agriculture, National Research Council to the Agriculture Department* [Relatório do Comitê de Pesticidas Persistentes: Divisão de Biologia e Agricultura, Conselho Nacional de Pesquisa para o Departamento de Agricultura], National Research Council, maio de 1969.

(4) *Report of the Secretary's Commission on Pesticides and Their Relationship to Environmental Health* [Relatório da Comissão do Secretário sobre Pesticidas e Sua Relação com a Saúde Ambiental], US Department of Health, Education and Welfare, dezembro de 1969.

10. "Mississippi River Oil Spill" [Derramamento de óleo no rio Mississippi (1962–63)], Wikipedia, acesso em 16 de setembro de 2021, https://en.wikipedia.org/wiki/Mississippi_River_oil_spill_(1962–63).

11. Apocalipse 6:12, Versão do rei Jaime.

12. Apocalipse 6:13, Versão do rei Jaime.

13. História contada pelo amigo de Lincoln, Walt Whitman, e discutida por Donald W. Olson e Laurie E. Jasinski, "Abe Lincoln and the Leonids" [Abraham Lincoln e as Leônidas], *Sky & Telescope* (novembro de 1999): 34–35, acesso em 24 de julho de 2022, https://skyandtelescope.org/wp-content/uploads/LincolnandLeonids.pdf.

14. Carl Sagan, *Pale Blue Dot: A Vision of the Human Future in Space* (Nova York: Random House, 1994). Edição em português: *Pálido ponto azul: uma visão do futuro da humanidade no espaço.* 2ª ed. (São Paulo: Companhia das Letras, 2019).

CAPÍTULO QUATRO: CONFLITO & RESOLUÇÃO

1. Para uma análise acadêmica: Eli J. Finkel et al., "Political Sectarianism in America" [Sectarismo político na América], *Science* 370, n. 6.516 (30 de outubro de 2020): 533, acesso em 19 de dezembro de 2021, https://pcl.sites.stanford.edu/sites/g/files/sbiybj22066/files/media/file/finkel-science-political.pdf.

2. Ver, por exemplo, Neil deGrasse Tyson e Avis Lang, *Acessory to War: The Unspoken Alliance Between Astrophysics and the Military* [Acessório para a guerra: a aliança tácita entre a astrofísica e as forças armadas] (Nova York: W. W. Norton, 2018).

3. Ver "Did We Hit the Wrong Planet?" [Acertamos o planeta errado?], *JF Ptak Science Books* (blog), acesso

NOTAS 299

em 2 de julho de 2021, https://longstreet.typepad.
com/thesciencebookstore/2013/08/did-we-hit-the-
-wrong-planet-w-von-braun-1956.html.

4. "V-2 Rocket" [Míssil V2], Wikipedia, acesso em 2 de julho de 2021, https://en.wikipedia.org/wiki/V-2_rocket#Targets.

5. Ver, por exemplo, K. Jun Tong e William von Hippel, "Sexual Selection, History, and the Evolution of Tribalism" [Seleção sexual, história e a evolução do tribalismo], *Psychological Inquiry* 31, n. 1 (2020): 23–25.

6. *Final Report of the Commission on the Future of the United States Aerospace Industry* [Relatório final da Comissão sobre o Futuro da Indústria Aeroespacial dos Estados Unidos], Commission on the Future of the United States, acesso em 16 de setembro de 2021, https://www.haydenplanetarium.org/tyson/media/pdf/AeroCommissionFinalReport.pdf.

7. "The Flight of Apollo-Soyuz" [O voo da Apollo-Soyuz], NASA, acesso em 20 de julho de 2021, https://history.nasa.gov/apollo/apsoyhist.html.

8. National Center for Health Statistics, "Percent of Babies Born to Unmarried Mothers by State" [Porcentagem de bebês nascidos de mães solteiras por estado], Centers for Disease Control and Prevention, acesso em 30 de junho de 2021, https://www.cdc.gov/nchs/pressroom/sosmap/unmarried/unmarried.htm.

9. "2000 Presidential Election" [Eleição presidencial de 2000], acesso em 30 de junho de 2021, https://www.270towin.com/2000_Election/.

10. Nathan McAlone, "A Chart Made from the Leaked Ashley Madison Data Reveals Which States in the US Like to Cheat the Most" [Um gráfico feito a partir dos dados vazados de Ashley Madison revela quais estados nos Estados Unidos traem mais], *Insider*, 20 de agosto de 2015, acesso em 30 de junho de 2021, https://www.businessinsider.com/ashley-madison-leak-reveals-which-states-like-to-cheat-the-most-2015-8.

11. *Report of 2018 Permanent Platform & Resolutions Committee* [Relatório do Comitê Permanente de Plataforma e Resoluções de 2018], Partido Republicano do Texas, acesso em 18 de dezembro de 2021, https://www.texasgop.org/wp-content/uploads/2018/06/PLATFORM-for-voting.pdf.

12. Mais de um terço da economia do Texas vem das receitas do petróleo; ver Brandon Mulder, "Fact-Check: Is the Texas Oil and Gas Industry 35% of the State Economy?" [Verificação de fatos: a indústria de petróleo e gás do Texas representa 35% da economia do estado?], *Austin American-Statesman*, acesso em 18 de dezembro de 2021, https://www.statesman.com/story/news/politics/politifact/2020/12/22/fact-check-texas-oil-and-gas-industry-35-state-economy/4009134001/.

NOTAS | 301

13. *Report of 2020 Platform & Resolutions Committee* [Relatório do Comitê de Plataforma e Resoluções de 2020], Partido Republicano do Texas, acesso em 18 de dezembro de 2021, https://drive.google.com/file/d/1HFTbz1vb6KSqwu9Rjv4zxc-85q14XzhZ/view.

14. Para sua informação, esse número aumentou para 100% dos trabalhos de pesquisa sobre mudanças climáticas publicados desde 2019; ver James Powell, "Scientists Reach 100% Consensus on Anthropogenic Global Warming" [Cientistas chegam a 100% de consenso sobre o aquecimento global antropogênico], *Bulletin of Science, Technology & Society* 37, n. 4 (20 de novembro de 2019), acesso em 16 de julho de 2021, https://journals.sagepub.com/doi/10.1177/0270467619886266.

15. Green Party, "Green New Deal" [Novo Acordo Verde], acesso em 1º de janeiro de 2022, https://www.gp.org/green_new_deal.

16. Cary Funk, Greg Smith e David Masci, "How Many Creationists Are There in America?" [Quantos criacionistas existem na América?], *Observations* (blog da *Scientific American*), 12 de fevereiro de 2019, acesso em 29 de junho de 2021, https://blogs.scientificamerican.com/observations/how-many--creationists-are-there-in-america/.

17. Organização Pan-Americana da Saúde, "Measles Elimination in the Americas" [Eliminação do sarampo

nas Américas], acesso em 30 de junho de 2021, https://www3.paho.org/hq/index.php?option=com_content&view=article&id=12526:measles-elimination-in-the-americas.

18. "Measles Resurgence in the United States" [Retorno do sarampo nos Estados Unidos], Wikipedia, acesso em 30 de junho de 2021, https://en.wikipedia.org/wiki/Measles_resurgence_in_the_United_States#Local_outbreaks.

19. Jan Hoffman, "Faith, Freedom, Fear: Rural America's Covid Vaccine Skeptics" [Fé, liberdade, medo: os céticos da vacina da covid na área rural dos Estados Unidos], *New York Times*, 30 de abril de 2021, acesso em 30 de junho de 2021, https://www.nytimes.com/2021/04/30/health/covid-vaccine-hesitancy-white-republican.html.

20. Monmouth University Polling Institute, "Public Satisfied with Vaccine Rollout, but 1 in 4 Still Unwilling to Get It" [Público satisfeito com o lançamento da vacina, mas 1 em cada 4 ainda não quer tomá-la], 8 de março de 2021, acesso em 30 de junho de 2021, https://monmouth.edu/polling-institute/reports/monmouthpoll_US_030821/.

21. *StarTalk Radio*, "Vaccine Science" [Ciência da vacina], acesso em 8 de setembro de 2021, https://www.youtube.com/watch?v=fOOBUixiiac.

22. Seth Brown, "Alex Jones's Media Empire Is a Machine Built to Sell Snake-Oil Diet Supplements" [O império da mídia de Alex Jones é uma máquina construída para vender suplementos dietéticos de óleo de cobra], *Intelligencer*, 4 de maio de 2017, acesso em 16 de setembro de 2021, https://nymag.com/intelligencer/2017/05/how-does-alex-jones-make-money.html.

23. Historical Tables, Budget of the United States Government [Tabelas históricas, orçamento do governo dos Estados Unidos], Ano Fiscal 2022, Tabela 9.8, "Composition of Outlays for the Conduct of Research and Development: 1949-2022" [Composição das despesas para a condução de pesquisa e desenvolvimento: 1949-2022], acesso em 2 de janeiro de 2022, https://www.govinfo.gov/app/details/BUDGET-2022-TAB/BUDGET-2022-TAB-10-8.

24. National Museum of African American History and Culture [Museu Nacional de História e Cultura Afro-Americana], "5 Things to Know: HBCU Edition" [5 coisas para se saber: edição HBCU], 1º de outubro de 2019, acesso em 2 de junho de 2022, https://nmaahc.si.edu/explore/stories/5-things-know-hbcu-edition.

25. Charles Seguin e David Rigby, "National Crimes: A New National Data Set of Lynchings in the United States, 1883 to 1941" [Crimes nacionais: um novo conjunto de dados nacionais de linchamentos nos

Estados Unidos, 1883 a 1941], *Socius: Sociological Research for a Dynamic World* 5 (1º de janeiro de 2019), acesso em 16 de setembro de 2021, https://journals.sagepub.com/doi/full/10.1177/2378023119841780.

26. Senado dos Estados Unidos, "Supreme Court Nominations (1789-Present)" [Nomeações para a Suprema Corte (1789-presente)], United States Senate, acesso em 3 de abril de 2022, https://www.senate.gov/legislative/nominations/SupremeCourtNominations1789present.htm.

27. 100% dos condados de Massachusetts votaram azul nas eleições gerais de 2020. Politico, "Massachusetts Presidential Results" [Resultados presidenciais de Massachusetts], acesso em 11 de abril de 2022, https://www.politico.com/2020-election/results/massachusetts/.

28. "Federal Spending by State 2022" [Gastos federais por estado 2022], World Population Review, acesso em 3 de janeiro de 2022, https://worldpopulationreview.com/state-rankings/federal-spending-by-state.

29. Nas eleições gerais de 2020.

30. Rob Salkowitz, "Fans Turn Up for New York Comic Con Even if Big Names Don't" [Fãs aparecem na Comic Con de Nova York, mesmo que grandes nomes não apareçam], *Forbes*, 9 de outubro de 2021, acesso em 17 de dezembro de 2021, https://www.forbes.

com/sites/robsalkowitz/2021/10/09/fans-turn-up-
-for-new-york-comic-con-even-if-big-names-dont.

31. "Convention Schedule" [Cronograma da Convenção], FanCons, acesso em 17 de dezembro de 2021, https://fancons.com/events/schedule.php?type=all&year=2022&loc=eu.

CAPÍTULO CINCO: RISCO & RECOMPENSA

1. Thomas Simpson, "A Letter (...) On the Advantage of Taking the Mean of a Number of Observations" [Uma carta (...) sobre a vantagem de tirar a média de várias observações] (Londres: L. Davis & C. Remers, 1756), de *Philosofical Transactions (1683-1775)* 49 (1755-1756), p. 82-93.

2. Michael Shermer, *Conspiracy: Why the Rational Believe the Irrational* [Conspiração: Por que o racional acredita no irracional] (Baltimore: Johns Hopkins University Press, 2022).

3. Stephen Skolnick, "How 4,000 Physicists Gave a Vegas Casino Its Worst Week Ever [Como 4 mil físicos foram responsáveis pela pior semana de todos os tempos de um cassino de Las Vegas], *Physics Buzz* (blog), 10 de setembro de 2015.

4. Steve Beauregard, "Biggest Casino in Las Vegas & List of the Top 20 Largest Casinos in Sin City" [Maior

cassino de Las Vegas e lista dos 20 maiores cassinos de Sin City], Gamboool, acesso em 15 de julho de 2021, https://gamboool.com/biggest-casinos-in-las--vegas-list-of-the-top-20-largest-casinos-in-sin-city.

5. Will Yakowicz, "U.S. Gambling Revenue to Break $44 Billion Record in 2021" [Receita de jogos de azar dos EUA quebrará recorde de US$ 44 bilhões em 2021], *Forbes*, 10 de agosto de 2021, acesso em 1º de janeiro de 2022, https://www.forbes.com/sites/willyakowicz/2021/08/10/us-gambling-revenue--to--break-44-billion-record-in-2021.

6. "Lotteries in the United States" [Loterias nos Estados Unidos], Wikipedia, acesso em 15 de julho de 2021, https://en.wikipedia.org/wiki/Lotteries_in_the_United_States#States_with_no_lotteries.

7. Investopedia, "The Lottery: Is It Ever Worth Playing?" [A Loteria: vale a pena jogar?], acesso em 15 de julho de 2021, https://www.investopedia.com/managing--wealth/worth-playing-lottery/.

8. Erin Richards, "Math Scores Stink in America. Other Countries Teach It Differently — and See Higher Achievement" [Pontuações matemáticas são péssimas nos Estados Unidos. Outros países ensinam de maneira diferente — e obtêm melhor desempenho], *USA Today*, 28 de fevereiro de 2020, acesso em 5 de janeiro de 2022, https://www.usa-

today.com/story/news/education/2020/02/28/
math-scores-high-school-lessons-freakonomics-
-pisa-algebra-geometry/4835742002/.

9. Neil deGrasse Tyson (@neiltyson), Twitter, 9 de fevereiro de 2010, 15h46, acesso em 15 de julho de 2021,
https://twitter.com/neiltyson/status/8870114781.

10. CNBC (@CNBC), Twitter, 10 de dezembro de 2021,
16h03, acesso em 17 de maio de 2022, https://
twitter.com/CNBC/status/1469412512357568521.

11. TipRanks, "2 'Strong Buy' Stocks from a Top Wall
Street Analyst" [2 ações de "compra forte" de um
importante analista de Wall Street], 13 de julho de 2021, acesso em 15 de julho de 2021, https://www.yahoo.com/now/2-strong-buy-stocks-
-top-091615572.html.

12. TipRanks, "Top Wall Street Analysts" [Principais
analistas de Wall Street], acesso em 23 de julho de
2021, https://www.tipranks.com/analysts/top.

13. Sam Ro, "The Truth About Warren Buffett's Invest-
ment Track Record" [A verdade sobre o histórico de
investimentos de Warren Buffett], Yahoo! Finance,
1º de março de 2021, acesso em 21 de dezembro
de 2021, https://www.yahoo.com/now/the-truth-
-about-warren-buffetts-investment-track-record-
-morning-brief-113829049.html.

14. National Academies of Sciences, Engineering,
and Medicine, *Genetically-Engineered Crops: Past*

Experiences and Future Prospects [Cultivos geneticamente modificados: experiências passadas e perspectivas futuras] (Washington, D.C.: National Academies Press, 2016), acesso em 15 de julho de 2021, https://www.nationalacademies.org/our-work/genetically-engineered-crops-past--experience-and-future-prospects.

15. *Food Evolution*, dirigido por Scott Hamilton Kennedy, narrado por Neil deGrasse Tyson (Black Valley Films, 2016).

16. "Ben & Jerry's Statement on Glyphosate" [Declaração da Ben & Jerry sobre o glifosato], Ben & Jerry's (site), acesso em 15 de julho de 2021, https://www.benjerry.com/about-us/media-center/glyphosate--statement.

17. Samuel Taylor Coleridge, *Rime of the Ancient Mariner* [*A balada do velho marinheiro*], parte II, nona estrofe (1817).

18. Walter Bagehot, *Physics and Politics*, n. V: "The Age of Discussion" [A era da discussão] (Westport, CT: Greenwood Press, 1872).

19. American Cancer Society, "Colorectal Cancer Risk Factors" [Fatores de Risco de Câncer Colorretal], acesso em 16 de julho de 2021, https://www.cancer.org/cancer/colon-rectal-cancer/causes-risks--prevention/risk-factors.html.

NOTAS | 309

20. American Cancer Society, "Principais estatísticas para câncer colorretal", acesso em 16 de julho de 2021, https://www.cancer.org/cancer/colon-rectal--cancer/about/key-statistics.html.

21. Manuela Chiavarini et al., "Dietary Intake of Meat Cooking-Related Mutagens (HCAs) and Risk of Colorectal Adenoma and Cancer" [Ingestão dietética de mutagênicos relacionados ao cozimento de carne (HCAs) e risco de adenoma e câncer colorretal: uma revisão sistemática e metanálise], *Nutrients* 9, n. 5 (18 de maio de 2017): 515, acesso em 7 de junho de 2022, https://www.ncbi.nlm.nih.gov/pmc/articles/PMC5452244/.

22. Hannah Ritchie e Max Roser, "Smoking" [Fumar], *Our World in Data*, maio de 2013, revisado em novembro de 2019, acesso em 30 de junho de 2021, https://ourworldindata.org/smoking; ver também Lynne Eldridge, "What Percentage of Smokers Get Lung Cancer?" [Qual porcentagem de fumantes tem câncer de pulmão?], Verywell Health, acesso em 28 de junho de 2021, https://www.verywellhealth.com/what-percentage-of-smokers-get-lung--cancer-2248868.

23. John Woodrow Cox e Steven Rich, "Scarred by School Shootings" [Traumatizados por tiroteios em escolas], *Washington Post*, atualizado em 25 de março de 2018, acesso em 15 de julho de 2021,

https://www.washingtonpost.com/graphics/2018/
local/us-school-shootings-history/.

24 William H. Lucy, "Mortality Risk Associated with Leaving Home: Recognizing the Relevance of the Built Environment" [Risco de mortalidade associado à saída de casa: reconhecendo a relevância do ambiente construído], *American Journal of Public Health* 93, n. 9 (setembro de 2003): 1564-69, acesso em 16 de julho de 2021, https://www.ncbi.nlm.nih. gov/pmc/articles/PMC1448011/; Bryan Walsh, "In Town vs. Country, It Turns Out That Cities Are the Safest Places to Live" [Na comparação cidade *versus* campo, as cidades acabam sendo os lugares mais seguros para se viver], *Time*, 23 de julho de 2013, acesso em 16 de julho de 2021, https://science.time. com/2013/07/23/in-town-versus-country-it-turns-
-out-that-cities-are-the-safest-places-to-live/.

25. Sage R. Meyers et al., "Safety in Numbers: Are Major Cities the Safest Places in the United States? [Segurança em números: as principais cidades são os lugares mais seguros dos Estados Unidos?], *Injury Prevention* 62, n. 4 (1º de outubro de 2013): 408-18. E3, acesso em 8 de junho de 2022, https://www. ncbi.nlm.nih.gov/pmc/articles/PMC3993997/.

26. "2019 El Paso Shooting" [Tiroteio em El Paso, 2019], Wikipedia, acesso em 16 de julho de 2021, https:// en.wikipedia.org/wiki/2019_El_Paso_shooting.

NOTAS | 311

27. Paulina Cachero, "US Taxpayers Have Reportedly Paid an Average of $8,000 Each and over $2 Trillion Total for the Iraq War Alone" [Os contribuintes dos EUA supostamente pagaram uma média de US$ 8.000 cada um e mais de US$ 2 trilhões no total apenas pela Guerra do Iraque], *Insider*, 6 de fevereiro de 2020, acesso em 16 de julho de 2021, https://www.businessinsider.com/us-taxpayers-spent-8000-each-2-trillion-iraq-war-study-2020-2.

28. Sophie L. Gilbert et al., "Socioeconomic Benefits of Large Carnivore Recolonization Through Reduced Wildlife-Vehicle Collisions" [Benefícios socioeconômicos da recolonização de grandes carnívoros por meio da redução de colisões entre animais selvagens e veículos], *Conservation Letters* 10, n. 4 (julho/agosto de 2017): 431-39, acesso em 1º de agosto de 2021, https://conbio.onlinelibrary.wiley.com/doi/epdf/10.1111/conl.12280.

29. Murat Karacasu, "An Analysis on Distribution of Traffic Faults in Accidents, Based on Diver's Age and Gender: Eskisehir Case" [Uma análise da distribuição das falhas de trânsito em acidentes, com base na idade e no gênero do motorista: caso Eskisehir], *Procedia — Social and Behavioral Sciences* 20 (2011), p. 776-785, acesso em 8 de junho de 2022, https://www.sciencedirect.com/science/article/pii/S1877042811014662.

30. Neal E. Boudette, "Tesla Says Autopilot Makes Its Car Safer; Crash Victims Say It Kills" [Tesla diz que

o piloto automático torna seus carros mais seguros; vítimas de acidentes dizem que mata], *New York Times*, 5 de julho de 2021, acesso em 27 de julho de 2021, https://www.nytimes.com/2021/07/05/business/tesla-autopilot-lawsuits-safety.html.

31. "List of Fatal Accidents and Incidents Involving Commercial Aircraft in the United States" [Lista de acidentes e incidentes fatais envolvendo aeronaves comerciais nos Estados Unidos], Wikipedia, acesso em 27 de julho de 2021, https://en.wikipedia.org/wiki/List_of_fatal_accidents_and_incidents_involving_commercial_aircraft_in_the_United_States.

32. Os acidentes altamente divulgados do Boeing 737 MAX em 2018 e 2019 envolveram companhias aéreas sediadas fora dos Estados Unidos e, portanto, não contribuem para essa estatística.

33. Leslie Josephs, "The Last Fatal US Airline Crash Was a Decade Ago; Here's Why Our Skies Are Safer" [O último acidente aéreo fatal envolvendo uma companhia dos Estados Unidos ocorreu há uma década; veja por que nossos céus são mais seguros], CNBC, 13 de fevereiro de 2019, atualizado em 8 de março de 2019, acesso em 27 de julho de 2021, https://www.cnbc.com/2019/02/13/colgan-air-crash-10-years-ago-reshaped-us-aviation-safety.html.

NOTAS | 313

34. Bureau of Transportation Statistics, United Department of Transportation, "U.S. Air Carrier Traffic Statistics Through November 2021" [Estatísticas de tráfego das Companhias Aéreas dos EUA até novembro de 2021], acesso em 1º de agosto de 2021, https://www.transtats.bts.gov/TRAFFIC/.

35. Joni Mitchell, estrofe da canção "Both Sides Now" (Detroit: Gandalf Publishing, 1967).

CAPÍTULO SEIS: CARNISTAS & VEGETARIANOS

1. Paul Copan, Wes Jamison e Walter Kaiser, *What Would Jesus Really Eat: The Biblical Case for Eating Meat* [O que Jesus realmente comia: o argumento bíblico para comer carne] (Burlington, ON: Castle Quay Books, 2019); ver também Amanda Radke, "Yes, Jesus Would Eat Meat & You Can, Too" [Sim, Jesus comia carne e você também pode], *Beef*, 9 de junho de 2022, acesso em 14 de abril de 2022, https://www.beefmagazine.com/beef/yes-jesus-would-eat-meat-you-can-too.

2. "Vegetarianism by Country" [Vegetarianismo por país], Wikipedia, acesso em 7 de agosto de 2021, https://en.wikipedia.org/wiki/Vegetarianism_by_country.

3. RJ Reinhart, "Snapshot: Few Americans Vegetarian or Vegan [Retrato: Poucos americanos vegetarianos ou veganos], Gallup, 1º de agosto de 2018, acesso

em 7 de agosto de 2021, https://news.gallup.com/poll/238328/snapshot-few-americans-vegetarian--vegan.aspx.

4. Hannah Ritchie e Max Roser, "Meat and Dairy Production" [Produção de carne e laticínios], *Our World in Data*, agosto de 2017, revisado em novembro de 2019, acesso em 11 de agosto de 2021, https://ourworldindata.org/meat-production.

5. "What Is the Age Range for Butchering Steers? I Am Trying for Prime" [Qual é a faixa etária para se abater novilhos? Estou tentando obter uma carne de qualidade], Beef Cattle, 3 de setembro de 2019, acesso em 7 de agosto de 2021, https://beef-cattle.extension.org/what-is-the-age-range-for-butchering-steers-i-am-trying-for-prime.

6. University of California Cooperative Extension, "Sample Costs for a Cow-Calf/Grass-Fed Beef Operation" [Custos de amostra para uma operação de vaca de cria/produção de carne bovina de pasto], 2004, acesso em 25 de fevereiro de 2022, https://coststudyfiles.ucdavis.edu/uploads/cs_public/83/84/838417e7-bdad-40e6-bcaa-c3d80c-cdcd71/beefgfnc2004.pdf.

7. "The Biggest CAFO in the United States" [A maior criação de animais em confinamento nos Estados Unidos], Wickersham's Conscience, 20 de março de 2020, acesso em 14 de abril de 2022, https://

NOTAS 315

wickershamsconscience.wordpress.com/2020/03/20/the-biggest-cafo-in-the-united-states/.

8. South Dakota State University Extension, "How Much Meat Can You Expect from a Fed Steer?" [Quanta carne você pode esperar de um boi alimentado?], atualizado em 6 de agosto de 2022, acesso em 9 de junho de 2022, https://extension.sdstate.edu/how-much-meat-can-you-expect-fed-steer.

9. Neil deGrasse Tyson, *Letters from an Astrophysicist* (Nova York: W. W. Norton, 2019). Edição em português: *Respostas de um astrofísico* (Rio de Janeiro: Record, 2020).

10. Gênesis 1:26, versão rei Jaime.

11. Ver, por exemplo, Ryan Patrick McLaughlin, "A Meatless Dominion: Genesis 1 and the Ideal of Vegetarianism" [Um domínio sem carne: Gênesis 1 e o ideal do vegetarianismo], *Biblical Theology Bulletin* 47, n. 3 (2 de agosto de 2017): 144-54, acesso em 7 de agosto de 2021, https://journals.sagepub.com/doi/10.1177/0146107917715587.

12. Eric O'Grey, "Vegan Theology for Christians" [Teologia vegana para cristãos], PETA Prime, 30 de janeiro de 2018, acesso em 7 de agosto de 2021, https://prime.peta.org/2018/01/vegan-theology-christians/.

13. Peter Singer, *Animal Liberation* (Nova York: Harper Collins, 1975). Edição em português: *Libertação animal* (São Paulo: WMF Martins Fontes, 2010).

14. PETA (site), acesso em 7 de agosto de 2021, https://www.peta.org.

15. História relatada ao vivo no *StarTalk*, 22 de agosto de 2011, https://www.startalkradio.net/show/making-the-fur-fly/.

16. "Do Snails Have Eyes?" [Os caracóis têm olhos?], Facts About Snails, acesso em 9 de agosto de 2021, https://factsaboutsnails.com/snail-facts/do-snails-have-eyes/.

17. Rene Ebersole, "How 'Dolphin Safe' Is Canned Tuna, Really?" [O quanto o atum enlatado é de fato "dolphin safe"?], *National Geographic*, 10 de março de 2021, acesso em 8 de agosto de 2021, https://www.nationalgeographic.com/animals/article/how-dolphin-safe-is-canned-tuna.

18. Animal Diversity Web, Universidade de Michigan, Museu de Zoologia, *"Mus musculus house mouse"* [*Mus musculus* camundongo doméstico], acesso em 24 de abril de 2022, https://animaldiversity.org/accounts/Mus_musculus/.

19. "Learn How Many Trees It Takes to Build a House?" [Saiba quantas árvores são necessárias para construir uma casa?], Home Preservation Manual, acesso em 9 de agosto de 2021, https://www.homepreservationmanual.com/how-many-trees-to-build-a-house/.

NOTAS | 317

20. Michael H. Ramage et al., "The Wood from the Trees: The Use of Timber in Construction" [A madeira das árvores: o uso da madeira na construção], *Renewable and Sustainable Energy Reviews* 68 (fevereiro de 2017): 333, acesso em 20 de janeiro de 2022, https://www.sciencedirect.com/science/article/pii/S1364032116306050.

21. Kyle Cunningham, "Landowner's Guide to Determining Weight of Standing Hardwood Trees" [Guia do proprietário para determinar o peso de árvores nobres em pé], University of Arkansas Division of Agriculture, Cooperative Extension Service.

22. "Maple Syrup Concentration" [Concentração de xarope de bordo], Synder Filtration, acesso em 30 de janeiro de 2021, https://synderfiltration.com/2014/wp-content/uploads/2014/07/Maple-Syrup-Concentration-Case-Study.pdf.

23. Britt Holewinski, "Underground Networking: The Amazing Connections Beneath Your Feet" [Rede subterrânea: as surpreendentes conexões sob nossos pés], National Forest Foundation, acesso em 30 de janeiro de 2022, https://www.nationalforests.org/blog/underground-mycorrhizal-network.

24. Steven Spielberg, comunicação privada, abril de 2004, Planetário Hayden, Nova York.

318 | MENSAGEIRO DAS ESTRELAS

25. Associated Press, "Lewis Throws Voice to Push for Quality TV" [Lewis projeta a voz para promover TV de qualidade], *Deseret News*, 11 de março de 1993, acesso em 8 de setembro de 2021, https://www.deseret.com/1993/3/11/19036574/lewis-throws--voice-to-push-for-quality-tv.

26. Mitch Zinck, "Top 10 Stocks to Invest in Lab-Grown Meat" [As 10 principais ações para investir em carne cultivada em laboratório], Lab-Grown Meat, 29 de junho de 2021, acesso em 11 de agosto de 2021, https://labgrownmeat.com/top-10-stocks/.

27. Chuck Lorre, "Card #536", Chuck Lorre Productions, The Official Vanity Card Archives, 26 de setembro de 2016, acesso em 16 de setembro de 2021, http://chucklorre.com/?e=980.

28. Christiaan Huygens, *The Celestial Worlds Discover'd: or, Conjectures Concerning the Inhabitants, Plants and Productions of the Worlds in the Planets* [Os mundos celestiais descobertos: ou, conjecturas sobre habitantes, plantas e produções dos mundos nos planetas] (Londres: Timothy Childe, 1698), acesso em 10 de junho de 2022, https://galileo.ou.edu/exhibits/celestial-worlds-discoverd-or--conjectures-concerning-inhabitants-plants-and--productions.

29. Terry Bisson, *They're Made out of Meat, and 5 Other All-Talk Tales* [Eles são feitos de carne e 5 outras

histórias de conversa fiada] (Amazon.com, edição para Kindle, 2019).

CAPÍTULO SETE: GÊNERO & IDENTIDADE

1. "Schrödinger's Cat" [O gato de Schrödinger], Wikipedia, acesso em 6 de julho de 2022, https://en.wikipedia.org/wiki/Schrödinger's_cat.

2. "What Does LGBTQ+ Mean?" [O que significa LGBTQ+?], OK2BME, acesso em 22 de agosto de 2021, https://ok2bme.ca/resources/kids-teens/what-does-lgbtq-mean/.

3. Produzido pela primeira vez para a Broadway em 1957.

4. Deuteronômio 22:5, versão rei Jaime.

5. "Trial of Joan of Arc" [Julgamento de Joana d'Arc], Wikipedia, acesso em 24 de abril de 2022, https://en.wikipedia.org/wiki/Trial_of_Joan_of_Arc.

6. Joan Roughgarden, *Evolution's Rainbow: Diversity, Gender, and Sexuality in Nature and People* [Arco-íris da evolução: diversidade, gênero e sexualidade na natureza e nas pessoas], edição comemorativa de 10 anos (Berkeley: University of California Press, 2013).

7. Anthony C. Little, Benedict C. Jones e Lisa M. DeBruine, "Facial Attractiveness: Evolutionary Ba-

sed Research" [Atração facial: pesquisa baseada na evolução], *Philosophical Transactions of the Royal Society B: Biological Sciences* 366, n. 1.571 (12 de junho de 2011): 1638-59, acesso em 18 de março de 2022, https://www.ncbi.nlm.nih.gov/pmc/articles/PMC3130383/.

8. American Society of Plastic Surgeons, *Plastic Surgery Statistics Report* [Relatório de estatísticas de cirurgia plástica], 2020, acesso em 28 de novembro de 2021, https://www.plasticsurgery.org/documents/News/Statistics/2020/plastic-surgery-statistics--full-report-2020.pdf.

9. US Food and Drug Administration, "Fun Facts About Reindeer and Caribou" [Curiosidades sobre renas e caribus], conteúdo atualizado até 13 de fevereiro de 2020, acesso em 21 de dezembro de 2021, https://www.fda.gov/animal-veterinary/animal-health-literacy/fun-facts-about-reindeer--and-caribou.

10. "What Are the Names of Santa's Reindeer?" [Quais são os nomes das renas do Papai Noel?], Iglu Ski, acesso em 21 de dezembro de 2021, https://www.igluski.com/lapland-holidays/what-are-the-names--of-santas-reindeer.

11. Saffir-Simpson Hurricane Wind Scale [Escala de ventos e furacões Saffir-Simpson], National Hurricane

Center e Central Pacific Hurricane Center, acesso em 5 de janeiro de 2022, https://www.nhc.noaa.gov/aboutsshws.php.

12. Ariane Resnick, "What Do the Colors of the New Pride Flag Mean?" [O que significam as cores da nova bandeira do orgulho gay?], Verywell Mind, atualizado em 21 de junho de 2021, acesso em 22 de agosto de 2021, https://www.verywellmind.com/what-the--colors-of-the-new-pride-flag-mean-5189173.

13 Tom Dart, "Texas Clings to Unconstitutional Homophobic Laws — and It's Not Alone" [Texas se apega a leis homofóbicas inconstitucionais — e não está sozinho], *Guardian*, 1º de junho de 2019, acesso em 17 de setembro de 2021, https://www.theguardian.com/world/2019/jun/01/texas-homophobic-laws--lgbt-unconstitutional.

CAPÍTULO OITO: COR & RAÇA

1. Para uma história completa desse período, ver Dava Sobel, *The Glass Universe: How the Ladies of the Harvard Observatory Took the Measure of the Stars* [O universo de vidro: como as senhoras do Observatório de Harvard mediram as estrelas] (Nova York: Viking, 2016).

2. Jennifer Chu, "Study: Reflecting Sunlight to Cool the Planet Will Cause Other Global Changes" [Estudo: Refletir a luz solar para resfriar o planeta

causará outras mudanças globais], *MIT News*, 2 de junho de 2020, acesso em 20 de agosto de 2021, https://news.mit.edu/2020/reflecting-sunlight-cool--planet-storm-0602.

3. Nina Jablonski e George Chaplin, "The Colours of Humanity: The Evolution of Pigmentation in the Human Lineage" [As cores da humanidade: a evolução da pigmentação na linhagem humana], *Philosophical Transactions of the Royal Society B* 372 (22 de maio de 2017), acesso em 22 de agosto de 2021, https://royalsocietypublishing.org/doi/pdf/10.1098/rstb.2016.0349.

4. Nina Jablonski e George Chaplin, "Human Skin Pigmentation as an Adaptation to UV Radiation" [Pigmentação da pele humana como uma adaptação à radiação UV], *Proceedings of the National Academy of Sciences* 107, supl. 2 (5 de maio de 2010), acesso em 22 de agosto de 2021, https://doi.org/10.1073/pnas.0914628107.

5. Nicholas G. Crawford et al., "Loci Associated with Skin Pigmentation Identified in African Populations" [Relação entre locais e pigmentação da pele identificada em populações africanas], *Science* 358, n. 6.365 (12 de outubro de 2017), acesso em 31 de janeiro de 2022, https://.science.org/doi/10.1126/science.aan8433.

6. Wella Koleston, coloração permanente.

NOTAS | 323

7. Benjamin Moore (site), acesso em 6 de julho de 2022, https://www.benjaminmoore.com/en-us/color-overview/find-your-color/color-families.

8. "1860 United States Census" [Censo dos Estados Unidos de 1860], Wikipedia, acesso em 24 de setembro de 2021, https://en.wikipedia.org/wiki/1860 United States census.

9. James Henry Hammond, "On the Question of Receiving Petitions on the Abolition of Slavery in the District of Columbia" [Sobre o recebimento de petições sobre a abolição da escravatura no distrito de Columbia], Discurso ao Congresso, 1º de fevereiro de 1836, acesso em 19 de março de 2022, https://babel.hathitrust.org/cgi/pt?id=hvd.hx4q2m.

10. Onde atuei como diretor do Centro Frederick P. Rose do Planetário Hayden desde 1996.

11. Theodore Roosevelt, "Lincoln and the Race Problem" [Lincoln e o problema racial], discurso no New York Republican Club, 13 de fevereiro de 1905, acesso em 8 de setembro de 2021, https://www.blackpast.org/african-american-history/1905-theodore-roosevelt-lincoln-and-race-problem-3/.

12. Museu Americano de História Natural, "Museum Statement on Eugenics" [Declaração do museu sobre a eugenia], setembro de 2021, acesso em 6 de julho de 2022, https://www.amnh.org/about/eugenics-statement.

13. "Allies Sculpture" [Escultura dos aliados], Atlas Obscura, acesso em 8 de setembro de 2021, https://www.atlasobscura.com/places/allies.

14. Em 2020, uma réplica de longa data da *Emancipation* foi removida do Park Square em Boston, Massachusetts, para a cidade natal do escultor após protestos.

15. Museu Americano de História Natural, "What Did the Artists and Planners Intend?" [O que os artistas e planejadores pretendiam?], acesso em 6 de julho de 2022, https://www.amnh.org/exhibitions/addressing-the-statue/artist-intent.

16. Memorando interno para a equipe do museu, acesso em 6 de julho de 2022, https://en.wikipedia.org/wiki/Theodore_Roosevelt_Presidential_Library.

17. Meilan Solly, "DNA Pioneer James Watson Loses Honorary Titles over Racist Comments" [O pioneiro do DNA, James Watson, perde títulos honorários por comentários racistas], *Smithsonian*, 15 de janeiro de 2019, acesso em 19 de setembro de 2021, https:/www.smithsonianmag.com/smart-news/dna-pioneer-james-watson-loses-honorary-titles--over-racist-comments-180971266/.

18. "Hairy Ball Theorem" [Teorema da bola cabeluda], Wikipedia, acesso em 8 de setembro de 2021, https://en.wikipedia.org/wiki/Hairy_ball_theorem.

NOTAS | 325

19. "List of Electronic Color Code Mnemonics" [Lista de mnemônicos de códigos de cores eletrônicos], Wikipedia, acesso em 5 de janeiro de 2022, https://en.wikipedia.org/wiki/List_of_electronic_color_code_mnemonics.

20. Francis Galton, *Hereditary Genius: An Inquiry into Its Laws and Consequences* [Gênio hereditário: uma investigação sobre suas leis e consequências] (Nova York: D. Appleton, 1870), 339.

21. Aaron O'Neill, "Black and Slave Population of the United States from 1790 to 1880" [População negra e escravizada dos Estados Unidos de 1790 a 1880], Statista, 19 de março de 2021, acesso em 12 de setembro de 2021, https://www.statista.com/statistics/1010169/black-and-slave-population-us-1790-880/.

22. Thomas Jefferson, *Notes on the State of Virginia* [Notas sobre o estado da Virgínia] (Baltimore: W. Pechin, 1800), 151.

23. Monticello, "The Life of Sally Hemings" [A vida de Sally Hemings], acesso em 12 de setembro de 2021, https://www.monticello.org/sallyhemings/.

24. Carleton S. Coon, *The Origin of Races* [A origem das raças] (Nova York: Alfred A. Knopf, 1962), 656.

25. "Men with Hairy Chest" [Homens com peito cabeludo], DC Urban Moms and Dads, 23 de dezembro de

2014, acesso em 12 de setembro de 2021, https://www.dcurbanmom.com/jforum/posts/list/435718.page.

26. Toshisada Nishida, "Chimpanzee", *Encyclopedia Britannica*, acesso em 12 de setembro de 2021, https://www.britannica.com/animal/chimpanzee.

27. Medline Plus, "What Does It Mean to Have Neanderthal or Denisovan DNA?" [O que significa ter DNA neandertal ou denisovano?], acesso em 12 de setembro de 2021, https://medlineplus.gov/genetics/understanding/dtcgenetictesting/neanderthaldna/.

28. Angela Saini, *Superior: The Return of Race Science* [Superior: o retorno da ciência racial] (Boston: Beacon Press, 2019), 18-20.

29. "Can African Americans Get Head Lice?" [Os afro-americanos podem ter piolhos?], Lice Aunties, 14 de abril de 2021, acesso em 12 de setembro de 2021, https://liceaunties.com/can-african-americans-get-head-lice/; ver também W. Wayne Price e Amparo Benitez, "Infestation and Epidemiology of Head Lice in Elementary Schools in Hillsborough County, Florida" [Infestação e epidemiologia de piolhos em escolas primárias do condado de Hillsborough, Flórida], *Florida Scientist* 52, n. 4 (1989): 278-88.

30. Robin A. Weiss, "Apes, Lice and Prehistory" [Macacos, piolhos e pré-história], *Journal of Biology* 8, n. 20

(2009), acesso em 21 de setembro de 2021, https://www.ncbi.nlm.nih.gov/pmc/articles/PMC2687769/.

31. Estatísticas de Câncer dos Estados Unidos, "Leading Cancers by Age, Sex, Race and Ethnicity 2019" [Principais cânceres por idade, sexo, raça e etnia em 2019], Centros de Controle e Prevenção de Doenças, acesso em 6 de julho de 2022, https://gis.cdc.gov/Cancer/USCS/#/Demographics/; ver também: Healthline, "Yes, Black People Can Get Skin Cancer. Here's What to Look For" [Sim, pessoas negras podem ter câncer de pele. Eis o que procurar], acesso em 11 de abril de 2022, https://www.healthline.com/health/skin-cancer/can-black-people-get-skin-cancer.

32. Joel M. Gelfand et al., "The Prevalence of Psoriasis in African Americans: Results from a Population-Based Study" [A prevalência da psoríase em afro-americanos: resultados de um estudo baseado na população], *Journal of the American Academy of Dermatology* 52, n. 1 (2005): 23, acesso em 18 de setembro de 2021, https://pubmed.ncbi.nlm.nih.gov/15627076/.

33. Bone Health and Osteoporosis Foundation, "What Is Osteoporosis and What Causes It?" [O que é a osteoporose e o que a causa?], acesso em 6 de julho de 2022, https://www.bonehealthandosteoporosis.org/patients/what-is-osteoporosis/.

34. J. F. Aloia et al., "Risk for Osteoporosis in Black Women" [Risco de osteoporose em mulheres negras], *Calcified Tissue International* 59 (1996): 415-23, acesso em 18 de setembro de 2021, https://link.springer.com/article/10.1007%2FBF00369203.

35. Jeffrey A. Bridge et al., "Suicide Trends Among Elementary School-Aged Children in the United States from 1993 to 2012" [Tendências de suicídio em crianças de idade escolar nos Estados Unidos de 1993 a 2012], *JAMA Pediatrics* 169, n. 7 (2015): 673-677, acesso em 6 de julho de 2022, https://jamanetwork.com/journals/jamapediatrics/fullarticle/2293169.

36. Suicide Prevention Resource Center, "Racial and Ethnic Disparities" [Disparidades raciais e étnicas], acesso em 18 de setembro de 2021, https://sprc.org/about-suicide/scope-of-the-problem/racial-and--ethnic-disparities/.

37. Muitos estudos, por exemplo: Jacquelyn Y. Taylor et al., "Prevalence of Eating Disorders Among Blacks in the National Survey of American Life" [Prevalência de transtornos alimentares em negros na Pesquisa Nacional da Vida Americana], *International Journal of Eating Disorders* 40 (2007, supl.): S10-S14, acesso em 6 de julho de 2022, https://www.ncbi.nlm.nih.gov/pmc/articles/PMC2882704; ver também Ruth H. Striegel-Moore et al., "Eating Disorders in White and Black Women" [Transtornos alimentares

em mulheres brancas e negras], *American Journal of Psychiatry* 160 (2003): 1326-31, acesso em 6 de julho de 2022, https://pubmed.ncbi.nlm.nih.gov/12832249/.

38. Keb Meh, "Mythologies of Skin Color and Race in Ethiopia" [Mitologias da cor da pele e raça na Etiópia], *Japan Sociology*, 2 de dezembro de 2014, acesso em 12 de setembro de 2021, https://japansociology.com/2014/12/02/mythologies-of-skin-color-and-race-in-ethiopia/.

39. Guinness World Records, "Shortest Tribe" [Tribo mais baixa], acesso em 12 de setembro de 2021, https://www.guinnessworldrecords.com/world-records/shortest-tribe.

40. Guinness World Records, "Tallest Tribe" [Tribo mais alta], acesso em 12 de setembro de 2021, https://www.guinnessworldrecords.com/world-records/67503-tallest-tribe.

41. "Average Height by Country" [Altura média por país], Wikipedia, acesso em 6 de julho de 2022, https://en.wikipedia.org/wiki/Average_human_height_by_country.

42. Ben McGrath, "Did Spacemen, or People with Ramps, Build the Pyramids?" [Astronautas ou pessoas com rampas construíram as pirâmides?], *New Yorker*, 23 de agosto de 2021, acesso em 26 de

fevereiro de 2022, https://www.newyorker.com/ magazine/2021/08/30/did-spacemen-or-people- -with-ramps-build-the-pyramids.

43. Elon Musk é da África do Sul, um lugar onde os brancos nativos quase nunca se referem a si mesmos como africanos, mas é claro que todos são. Elon Musk (@elonmusk), Twitter, 31 de julho de 2020, 00:14, acesso em 11 de abril de 2022, https:// twitter.com/elonmusk/status/12890517957637693 45?lang=en.

44. https://nexteinstein.org; ver também "Neil Turok Bets the Next Einstein Will Be from Africa" [Neil Turok aposta que o próximo Einstein será da África], TED Prize-Winning Wishes, 2008, acesso em 12 de setembro de 2021, https://www.ted.com/ participate/ted-prize/prize-winning-wishes/aims- -next-einstein-initiative.

45. Neil Turok, "Africa AIMS High", *Nature* 474 (2011): 567, acesso em 12 de setembro de 2021, https:// www.nature.com/articles/474567a.

46. International Chess Federation, "Top Chess Federations" [Principais Federações de Xadrez], acesso em 28 de dezembro de 2021, https://ratings.fide.com/ top_federations.phtml.

47 World Bank, "GDP per Capita" [PIB per capita], acesso em 28 de dezembro de 2021, https://data. worldbank.org/indicator/NY.GDP.PCAP.CD.

NOTAS | 331

48. International Chess Federation, "Rating Analytics: The Number of Rated Chess Players Goes Up" [Análise de classificação: o número de jogadores de xadrez classificados sobe], acesso em 28 de dezembro de 2021, https://www.fide.com/news/288; ver também "FIDE Titles" [Títulos da FIDE], Wikipedia, acesso em 28 de dezembro de 2021, https://en.wikipedia.org/wiki/FIDE_titles.

49. Molly Fosco, "The Most Successful Ethnic Group in the U.S. May Surprise You" [O grupo étnico de maior sucesso nos EUA pode surpreender você], IMDiversity, 7 de junho de 2018, acesso em 7 de abril de 2022, https://imdiversity.com/diversity-news/the-most-successful-ethnic-group-in-the-u-s-may-surprise-you/.

50. Jill Rutter, "Back to Basics: Towards a Successful and Cost-Effective Integration Policy" [De volta ao básico: rumo a uma política de integração econômica e bem-sucedida], Relatório: Institute for Public Policy Research, Reino Unido, março de 2013; ver também "GCSE English and Math's Results March 2022" [Resultados de inglês e matemática do GCSE em março de 2022], Department of Education, Reino Unido, acesso em 7 de abril de 2022, https://www.ethnicity-facts-figures.service.gov.uk/education-skills-and-training/11-to-16-years-old/a-to-c-in-english-and-maths-gcse-attainment-for-children-aged-14-to-16-key-stage-4/latest.

51. Statista, "Estimated Global Population from 10,000 BCE to 2100" [População global estimada de 10.000 a.C. a 2100], acesso em 12 de setembro de 2021, https://www.statista.com/statistics/1006502/global-population-ten-thousand-bc-to-2050/.

52 Statista, "Population of the New York-Newark-Jersey City Metro Area in the United Sates from 2010 to 2020" [População da área metropolitana de Nova York-Newark-Jersey City nos Estados Unidos de 2010 a 2020], acesso em 4 de janeiro de 2022, https://www.statista.com/statistics/815095/new-york-metro-area-population/.

53. Dr. Yan Wong, "Family Trees: Tracing the World's Ancestor" [Árvores genealógicas: rastreando o ancestral do mundo], BBC, 22 de agosto de 2012, acesso em 12 de setembro de 2021, https://www.bbc.com/news/magazine-19331938.

54. "Read Martin Luther King Jr.'s 'I Have a Dream' Speech in Its Entirety" [Leia o discurso "Eu tenho um sonho" de Martin Luther King Jr. na íntegra], NPR, acesso em 4 de janeiro de 2022, https://www.npr.org/2010/01/18/122701268/i-have-a-dream-speech-in-its-entirety.

55. Reverendo Theodore Parker, "Of Justice and the Conscience" [Da Justiça e da consciência], em *Ten Sermons of Religion* [Dez sermões religiosos]

NOTAS | 333

(Boston: Crosby, Nichols, 1853), 85, acesso em 6 de julho de 2022, http://www.fusw.org/uploads/1/3/0/4/13041662/of-justice-and-the-conscience.pdf; ver também *All Things Considered* [Considerando-se todas as coisas], "Theodore Parker and the Moral Universe" [Theodore Parker e o Universo Moral], NPR, 2 de setembro de 2010, acesso em 8 de setembro de 2021, https://www.npr.org/templates/story/story.php?storyId=129609461.

CAPÍTULO NOVE: LEI & ORDEM

1. "The Code of Hammurabi" [O Código de Hamurabi], traduzido para o inglês por L. W. King, Avalon Project, Yale Law School, acesso em 20 de dezembro de 2021, https://avalon.law.yale.edu/ancient/hamframe.asp.

2. Antonio Pigafetta, "Navigation" [Navegação], em *Magellan's Voyage: A Narrative Account of the First Circumnavigation* [A viagem de Fernão de Magalhães: um relato narrativo da primeira circum-navegação], traduzido e editado por R. A. Skelton (1519; Nova York: Dover, 1969), 147.

3. "Address to the British Association for the Advancement of Science" [Discurso endereçado à Associação Britânica para o Avanço da Ciência], proferido pelo presidente Thomas H. Huxley (Liverpool, 15 de setembro de 1870), acesso em 21 de dezembro de 2021, http://aleph0.clarku.edu/huxley/CE8/B-Ab.html.

4. William Blackstone, *Commentaries on the Laws of England* [Comentários sobre as leis da Inglaterra] (Oxford: Clarendon Press, 1765).

5. "Magna Carta: Muse and Mentor (Trial by Jury)" [Carta Magna: musa e mentora (julgamento por júri)], exposição da Biblioteca do Congresso, 2014-15, acesso em 20 de dezembro de 2021, https://www.loc.gov/exhibits/magna-carta-muse-and-mentor/trial-by-jury.html; ver também *The Online Library of Liberty*, acesso em 6 de julho de 2022, https://oll-resources.s3.us-east-2.amazonaws.com/oll3/store/titles/2142/Blackstone_1387-02_EBk_v6.0.pdf.

6. Por exemplo: Matthew J. Sharps, "Eyewitness Testimony, Eyewitness Mistakes: What We Get Wrong" [Depoimento de testemunhas oculares, erros de testemunhas oculares: o que erramos], *Psychology Today*, 21 de agosto de 2020, acesso em 14 de dezembro de 2021, https://www.psychologytoday.com/us/blog/the-forensic-view/202008/eyewitness-testimony-eyewitness-mistakes-what-we-get-wrong.

7. Innocence Project (site), acesso em 6 de julho de 2022, https://innocenceproject.org/exonerate/.

8. Equal Justice Initiative, "Death Penalty" [Pena de morte], acesso em 2 de janeiro de 2022, https://eji.org/issues/death-penalty/.

NOTAS | 335

9   Innocence Project, "DNA Exonerations in the United Stades" [Absolvições por DNA nos Estados Unidos], acesso em 20 de dezembro de 2021, https://innocenceproject.org/dna-exonerations-in-the-united-states/.

10. National Research Council, *Strengthening Forensic Science in the United States: A Path Forward* [Fortalecendo a ciência forense nos Estados Unidos: um caminho a seguir] (Washington, D.C.: National Academies Press, 2009), acesso em 20 de dezembro de 2021, https://doi.org/10.17226/12589.

11. Alison Flood, "Alice Sebold Publisher Pulls Memoir After Overturned Rape Conviction" [Editora de Alice Sebold recolhe livro de memórias após condenação por estupro revogada], *Guardian*, 1º de dezembro de 2021, acesso em 20 de dezembro de 2021, https://www.theguardian.com/books/2021/dec/01/alice-sebold-publisher-pulls-memoir-overturned-conviction-lucky-anthony-broadwater.

12. Ann E. Carson, "Prisoners in 2020" [Prisioneiros em 2020], U.S. Department of Justice, Bureau of Justice Statistics, dezembro de 2021, acesso em 6 de março de 2022, https://bjs.ojp.gov/content/pub/pdf/p20st.pdf.

13. Roy Walmsley e Helen Fair, "World Prison Population List" [Lista mundial da população prisional], 13ª ed., dezembro de 2021, acesso em 6 de março de

2022, https://www.prisonstudies.org/sites/default/files/resources/downloads/world_prison_population_list_13th_edition.pdf; Roy Walmsley, "World Female Imprisonment List" [Lista mundial de encarceramento feminino], 4ª ed., novembro de 2017, Institute for Criminal Policy Research, Reino Unido, acesso em 6 de março de 2022, https://www.prisonstudies.org/sites/default/files/resources/downloads/world_female_prison_4th_edn_v4_web.pdf.

14. Medline Plus, "Y Chromosome", acesso em 6 de março de 2022, https://medlineplus.gov/genetics/chromosome/y.

15. Starmus (site), acesso em 2 de julho de 2021, https://www.starmus.com/festival/3.

16. Robert F. Graboyes, "The Rationalia Fallacy" [A falácia da Rationalia], *U.S. News & World Report*, 18 de julho de 2016, acesso em 30 de junho de 2021, https://www.usnews.com/opinion/articles/2016-07-18/neil-degrasse-tyson-may-dream-of-a-rationalia-society-but-its-a-fallacy; Jeffrey Guhin, "A Nation Ruled by Science Is a Terrible Idea" [Uma nação governada pela ciência é uma péssima ideia], *Slate*, 5 de julho de 2016, acesso em 30 de junho de 2021, https://slate.com/technology/2016/07/neil-degrasse-tyson-wants-a-nation-ruled-by-evidence-but-evidence-explains-why-thats-a-terrible-idea.html; G. Shane Morris, "Neil DeGrasse Tyson's 'Rationalia' Would Be a Terrible

NOTAS | 337

Country" [A 'Rationalia' de Neil DeGrasse Tyson seria um péssimo país], *Federalist*, 1º de julho de 2016, acesso em 30 de junho de 2021, https://the-federalist.com/2016/07/01/neil-degrasse-tysons-rationalia-would-be-a-terrible-country/; "Sorry, Neil deGrasse Tyson, Basing a Country's Governance Solely on 'The Weight of Evidence' Could Not Work" [Que pena, Neil deGrasse Tyson, mas basear a governabilidade de um país apenas no 'peso das evidências' não funcionaria], ArtsJournal, 30 de junho de 2016, acesso em 30 de junho de 2021, https://www.artsjournal.com/2016/07/sorry-neil-degrasse-tyson-basing-a-countrys-governance-solely-on-the-weight-of-evidence-could-not-work.html.

CAPÍTULO DEZ: CORPO & MENTE

1. Agora disponível digitalmente: https://www.pdr.net.

2. Medical News Today, "How Long You Can Live Without Water" [Quanto tempo se pode viver sem água], acesso em 29 de novembro de 2021, https://www.medicalnewstoday.com/articles/325174.

3. UpToDate, "Bones of the Foot" [Ossos do Pé], acesso em 12 de dezembro de 2021, https://www.uptodate.com/contents/image?imageKey=SM%2F52540&topicKey=SM%2F17003.

4. Zhi Y. Kho e Sunil K. Lal, "The Human Gut Microbiome — A Potential Controller of Wellness and Disease" [O microbioma intestinal humano — um potencial controlador de bem-estar e doença], *Frontiers of Microbiology* 9 (2018), acesso em 28 de novembro de 2021, https://doi.org/10.3389/fmicb.2018.01835.

5. Associated Press, "Chocolate Cravings May Be a Real Gut Feeling" [O desejo por chocolate pode ser um sentimento de fato visceral], NBC News, 12 de outubro de 2007, acesso em 28 de novembro de 2021, https://www.nbcnews.com/health/health-news/chocolate-cravings-may-be-real-gut-feeling--flna1c9456552.

6. "The Nobel Prize for Physics 1952" [O Prêmio Nobel de Física de 1952], Nobel Prize (site), acesso em 29 de novembro de 2021, https://www.nobelprize.org/prizes/physics/1952/summary/.

7. K. D. Stephan, "How Ewen and Purcell Discovered the 21-cm Interstellar Hydrogen Line" [Como Ewen e Purcell descobriram a linha interestelar de hidrogênio de 21 cm], *IEEE Antennas and Propagation Magazine* 41, n. 1 (fevereiro de 1999), acesso em 29 de novembro de 2021, https://ieeexplore.ieee.org/document/755020.

8. Martin Harwit, *Cosmic Discovery: The Search, Scope, and Heritage of Astronomy* [Descoberta cósmica: a busca, o escopo e a herança da astronomia] (Nova York: Cambridge University Press, 2019).

NOTAS | 339

9. Healthline, "How Early Can You Hear Baby's Heartbeat on Ultrasound and by Ear?" [A partir de quando se pode ouvir os batimentos cardíacos do bebê no ultrassom e de ouvido?], acesso em 5 de abril de 2022, https://www.healthline.com/health/pregnancy/when-can-you-hear-babys-heartbeat.

10. Michael Lipka e Benjamin Wormald, "How Religious Is Your State?" [O quanto seu estado é religioso?], Pew Research Center, 29 de fevereiro de 2016, acesso em 12 de dezembro de 2021, https://www.pewresearch.org/fact-tank/2016/02/29/how--religious-is-your-state/?state=alabama.

11. Guttmacher Institute, "Abortion Policy in the Absence of Roe" [Política de aborto na ausência de Roe], acesso em 12 de dezembro de 2021, https://www.guttmacher.org/state-policy/explore/abortion-policy-absence-roe.

12. Death Penalty Information Center [Centro de Informações sobre Pena de Morte], "State by State" [Estado por estado], acesso em 12 de dezembro de 2021, https://deathpenaltyinfo.org/state-and--federal-info/state-by-state.

13. Gallup, "Abortion Trends by Party Identification 1995-2001" [Tendências de aborto por identificação partidária 1995-2001], acesso em 8 de abril de 2022, https://news.gallup.com/poll/246278/abortion--trends-party.aspx.

14. Healthline, "Embryo vs Fetus; Fetal Development Week by Week" [Embrião *versus* feto: desenvolvimento fetal semana a semana], Healthline, acesso em 8 de abril de 2022, https://www.healthline.com/health/pregnancy/embryo-fetus-development.

15. Ver, por exemplo, Laura Ingraham (@IngrahamAngle), Twitter, 27 de dezembro de 2012, 09:47, acesso em 9 de abril de 2022, https://twitter.com/ingrahamangle/status/284309497294512128.

16. Statista, "Number of Births in the United States from 1990 to 2019" [Número de nascimentos nos Estados Unidos de 1990 a 2019], acesso em 12 de dezembro de 2021, https://www.statista.com/statistics/195908/number-of-births-in-the-united--states-since-1990/. Observe ainda: nascimentos relatados nos Estados Unidos em 2019 = 3,75 milhões. Mais 630 mil abortos medicamentosos e pelo menos 750 mil abortos espontâneos de que se tem conhecimento, o total é de 5,1 milhões de gestações no ano em questão.

17. Katherine Kortsmit et al., "Abortion Surveillance — United States, 2019" [Vigilância do aborto — Estados Unidos, 2019], *Morbidity and Mortality Weekly Report (MMWR)* 70, n. 9 (26 de novembro de 2021): 1-29, acesso em 12 de dezembro de 2021, https://www.cdc.gov/mmwr/volumes/70/ss/ss7009a1.htm.

NOTAS | 341

18. John P. Curtis, "What Are Abortion and Miscarriage?" [O que são aborto e aborto espontâneo?], eMedicine Health, acesso em 11 de abril de 2022, https://www.emedicinehealth.com/what_are_abortion_and_miscarriage/article_em.htm.

19. Rosemarie Garland Thomson, *Extraordinary Bodies: Figuring Physical Disability in American Culture and Literature* [Corpos extraordinários: pensando a deficiência física na cultura e na literatura americanas] (Nova York: Columbia University Press, 1997).

20. Carta não publicada de Helen Keller ao capitão von Beck, no acervo particular da autora.

21. Matt Stutzman, entrevistado no *StarTalk Sports Edition*, agosto de 2021, acesso em 24 de novembro de 2021, https://www.youtube.com/watch?v=7NipfdwGTUs.

22. Jahmani Swanson, entrevistado no *StarTalk Sports Edition*, dezembro de 2021, acesso em 5 de janeiro de 2022, https://www.startalkradio.net/show/globetrotters-guide-to-the-galaxy/.

23. "The 2010 Time 100" [Os 100 da Time de 2010], *Time*, 2010, https://content.time.com/time/specials/packages/completelist/0,29569,1984685,00.html.

24 Stephen Hawking, entrevistado no *StarTalk*, 14 de março de 2018, acesso em 24 de novembro de 2021, https://www.youtube.com/watch?v=TwaIQy0VQso.

25. Oliver Sacks, entrevistado no *StarTalk*, "Are You Out of Your Mind?" [Você está louco?], acesso em 24 de novembro de 2021, https://www.startalkradio.net/show/extended-classic-are-you-out-of-your-mind--with-oliver-sacks/.

26. Frequentemente atribuído ao filósofo alemão do século XIX Friedrich Nietzsche.

27. Christian Jarrett, *Great Myths of the Brain* [Grandes mitos do cérebro] (Hoboken, NJ: Wiley-Blackwell, 2014).

28. Daniel Graham, "You Can't Use 100% of Your Brain — and That's a Good Thing" [Não se pode usar 100% do cérebro — e isso é uma coisa boa], *Psychology Today*, 19 de fevereiro de 2021, acesso em 21 de novembro de 2021, https://www.psychology-today.com/us/blog/your-internet-brain/202102/you-cant-use-100-your-brain-and-s-good-thing.

29. Nikhil Swaminathan, "Why Does the Brain Need So Much Power?" [Por que o cérebro precisa de tanta energia?], *Scientific American*, 29 de abril de 2008, acesso em 29 de novembro de 2021, https://www.scientificamerican. com/article/why-does--the-brain-need-s/.

30. Museu Americano de História Natural, "Brains" [Cérebros]", acesso em 27 de novembro de 2021, https://

www.amnh.org/exhibitions/extreme-mammals/ex-treme-bodies/brains; ver também "Brain-Body Mass Ratio" [Proporção cérebro–massa corporal], Wikipedia, acesso em 27 de novembro de 2021, https://en.wikipedia.org/wiki/Brain-body_mass_ratio.

31. "Genius Magpie" [Pega-rabilonga genial]", YouTube, acesso em 27 de novembro de 2021, https://www.youtube.com/watch?v=xVSr22kqSOs.

32. Bradley Voytek, "Are There Really as Many Neurons in the Human Brain as Stars in the Milky Way?" [Existem mesmo tantos neurônios no cérebro humano quanto estrelas na Via Láctea?], *Brain Metrics* (blog), 20 de maio de 2013, acesso em 29 de novembro de 2021, https://www.nature.com/scitable/blog/brain-metrics/are_there_really_as_many/.

33. "Why It's Almost Impossible to Solve a Rubik's Cube in Under 3 Seconds" [Por que é quase impossível resolver um cubo de Rubik em menos de 3 segundos], *Wired*, acesso em 28 de novembro de 2021, https://www.youtube.com/watch?v=SUopbexPk3A.

34. Centers for Disease Control and Prevention, "Road Traffic Injuries and Deaths — a Global Problem" [Lesões e mortes no trânsito — um problema global], acesso em 3 de março de 2022, https://www.cdc.gov/injury/features/global-road-safety/index.html.

EPÍLOGO: VIDA & MORTE

1. "Number of Births" [Número de nascimentos], The World Counts, acesso em 19 de dezembro de 2021, https://www.theworldcounts.com/populations/world/births.

2. Worldometer, "World Population" [População mundial], acesso em 19 de dezembro de 2021, https://www.worldometers.info.

3. Max Roser, Esteban Ortiz-Ospina e Hannah Ritchie, "Life Expectancy" [Expectativa de vida], *Our World in Data*, 2013, última revisão em outubro de 2019, acesso em 19 de dezembro de 2021, https://ourworldindata.org/life-expectancy.

4. Expectativa de vida do cão: 11-13 anos. Expectativa de vida do ser humano: 75-90 anos.

5. Mais recentemente referido por paleontólogos como o evento Cretáceo-Paleógeno (K-Pg).

6. "Why did the Dinosaurs Die Out?" [Por que os dinossauros morreram?], History, 24 de março de 2010, atualizado em 7 de junho de 2019, acesso em 21 de dezembro de 2021, https://www.history.com/topics/pre-history/why-did-the-dinosaurs-die-out-1.

7. Hannah Hickey, "What Caused Earth's Biggest Mass Extinction?" [O que causou a maior extin-

ção em massa da Terra?], *Stanford Earth Matters*, 6 de dezembro de 2018, acesso em 19 de dezembro de 2021, https://Earth.stanford.edu/news/what--caused-earths-biggest-mass-extinction#gs.ju3zsy.

8. "The Holocene Epoch" [A época do Holoceno], Museu de Paleontologia da UC, Berkeley, acesso em 17 de dezembro de 2021, https://ucmp.berkeley.edu/quaternary/holocene.php; ver também Gerardo Ceballos, Paul R. Ehrlich e Peter H. Raven, "Vertebrates on the Brink as Indicators of Biological Annihilation and the Sixth Mass Extinction" [Vertebrados à beira da extinção como indicadores de aniquilação biológica e a sexta extinção em massa], *Proceedings of the National Academy of Sciences* 117, n. 24 (1º de junho de 2020): 13596, https://www.pnas.org/content/117/24/13596; Daisy Hernandez, "The Earth's Sixth Mass Extinction Is Accelerating" [A sexta extinção em massa da Terra está se acelerando], *Popular Mechanics*, 3 de junho de 2020, acesso em 19 de dezembro de 2021, https://www.popularmechanics.com/science/animals/a32743456/rapid-mass-extinction/.

9. "Roundtable: A Modern Mass Extinction?" [Mesa--redonda: Uma extinção em massa moderna?], *Evolution*, acesso em 17 de dezembro de 2021, https://www.pbs.org/wgbh/evolution/extinction/massext/statement_03.html.

10. W. Kip Viscusi, "The Value of Life in Legal Contexts: Survey and Critique" [O valor da vida em contextos jurídicos: Pesquisa e crítica] (publicado originalmente em *American Law and Economics Review* 2, n. 1 [primavera de 2000]: 195-222), acesso em 18 de dezembro de 2021, https://law.vanderbilt.edu/files/archive/215_Value_of_Life_Legal_Contexts.pdf.

11. Sarah Gonzalez, "How Government Agencies Determine the Dollar Value of Human Life" [Como as agências governamentais determinam o valor da vida humana em dólares], NPR, 23 de abril de 2020, acesso em 18 de dezembro de 2021, https://www.npr.org/2020/04/23/843310123/how-government-agencies-determine-the-dollar-value-of-human-life.

12. Elyssa Kirkham, "A Breakdown of the Cost of Raising a Child" [Uma análise detalhada do custo de criar um filho], Plutus Foundation, 2 de fevereiro de 2021, acesso em 18 de dezembro de 2021, https://plutusfoundation.org/2021/a-breakdown-of-the-cost-of-raising-a-child/.

13. US Wings, "Vietnam War Facts, Stats and Myths" [Fatos, estatísticas e mitos da Guerra do Vietnã], acesso em 2 de junho de 2022, https://www.uswings.com/about-us-wings/vietnam-war-facts/; ver também National Archives, "Vietnam War U.S. Military Fatal Casualty Statistics" [Estatísticas de

baixas militares fatais da Guerra do Vietnã], acesso em 2 de junho de 2022, https://www.archives.gov/research/military/vietnam-war/casualty-statistics.

14. Organização Mundial de Saúde, "Malaria", 6 de dezembro de 2021, acesso em 2 de janeiro de 2022, https://www.who.int/news-room/fact-sheets/detail/malaria.

15. Provavelmente esse número está grosseiramente subestimado. Ver a discussão do *Quora*, acesso em 6 de julho de 2022, https://www.quora.com/What-is-the-maximum-number-of-genetically-unique-individuals-that-human-genome-allows.

16. Um conceito articuladamente transmitido em Richard Dawkins, *Unweaving the Rainbow: Science, Delusion and the Appetite for Wonder* [Desvendando o arco-íris: ciência, ilusão e o apetite pelo extraordinário] (Nova York: Houghton Mifflin, 1998).

17. Horace Mann, discurso em aula magna no Antioch College, Yellow Springs, Ohio, 1859.

ÍNDICE

A

Abbott, Jim 260
abelhas 167-68
Abercromby, Ralph 31
aborto 101, 255, 256
Academia Nacional de
   Ciências 21, 117, 236
Academia Nacional de
   Engenharia 21
Academia Nacional de
   Medicina 21
acne 29, 210
Adewumi, Tanitoluwa 217
Adlan, Ibn 120
Administração Nacional
   Aeronáutica e Espacial
   21
Administração Nacional
   Oceânica e Atmosférica
   21

Aeroclube da América 55
África 53, 71, 97, 192, 200,
   205, 207, 213-16, 218
África do Sul 71, 97, 192,
   215-16
Agência de Proteção
   Ambiental 78
agricultura 77, 109, 137,
   214-15, 275
água 35, 74-5, 94
AIDS 39, 57
albedo 189, 190
alce 154
alemães arianos 28
Alemanha nazista 92
alfabetização científica 81
Al-Haytham, Ibn 18
Al-Khalili, Jim 238
Amor, sublime amor 179

análise de frequência 120
análise racional 16, 115, 242
ancestral comum 173, 219
ancestralidade 189, 218
Anders, Bill 74
animais 64, 155, 161, 265
animistas 31
anorexia 211
Antártica 44
antropologia 202, 243
A origem das espécies
 (Darwin) 206
aparelhos eletrônicos de uso
 pessoal 57
apartheid 192
Apocalipse 87, 88
Apollo 8 73, 74, 75
Apollo 11 73, 78, 96
Apollo 17 79, 80
Apple Computer 58
ar 25
arca de Noé 31
arco-íris 177, 178, 185, 204
Argentina 153
Aristóteles 224
armas 38, 56, 98, 144, 185,
 239, 281
Armillaria ostoyae 173
Armstrong, Neil 73
arquivo de *Tweets* Proibidos
 107, 139, 144
arte 29, 31, 81, 95, 219, 231,
 263
Arts Journal 240

árvores 32, 41, 163, 164,
 194, 211
"As coisas serão tão
 diferentes daqui a cem
 anos" 53
Ashley, Maurice 217
asiáticos 188, 192
astecas 31
asteroides 33, 36, 40, 194,
 223
astrofísica 16, 50, 189, 253
astrologia 86, 106
astronautas 16, 33, 67, 68,
 74, 97, 98
astronomia 89, 98, 287
Astrophysical Journal 50
Ateus Americanos 76
Atlantic Monthly 53
atmosfera 30, 38, 86, 88,
 277
átomos 54, 253
AT&T 58
atum 162
Austrália 32, 53, 149
autismo 259
autorregeneração 64
Avatar 113, 164
aviões 55, 56, 145, 148

B

Bacon, Sir Francis 18
bactéria 39, 40, 250, 251

ÍNDICE | 351

Bagehot, Walter 139
*Balada do Velho Marinheiro,
A* (Coleridge) 138
baleias 264, 265
Ball, Thomas 199
balões 52, 53
bandeira do arco-íris 178
basquete 258
Beef (revista) 152
Beethoven, Ludwig van 257,
260
beisebol 260
beleza 12, 23, 29-34, 36,
38-40, 201, 273, 286
Ben & Jerry's 137, 139
Benz, Karl 52
Berkshire Hathaway 135
Berners-Lee, Tim 59
Beyoncé 26
Bíblia 26, 74, 87, 180, 242
bicicleta 52
Big Bang 48, 65, 170, 203
binários 181
biodiversidade 275
biologia 12, 35, 47, 94, 105,
106, 180, 197, 280
bisão 153
Bisson, Terry 171, 319
Blackstone, Sir William 229
Bloch, Felix 253
Boeing 707 56
bombas 281
Borman, Frank 74

Bradbury, Ray 62
Braun, Wernher von 92
Bronx High School of
Science 231
Brooklyn Daily Eagle 53
búfalo-asiático 153
Buffett, Warren 135
buracos negros 259
Burundi 214
Bush, George W. 98, 105

C

cabelos 29, 181, 191, 203,
210
caçadores 263
cachoeiras 30
cachorros 273, 274
cafeína 138
cálculo 120, 122, 145, 261,
266, 274, 279
calendário chinês 81
calorias 276, 277
camundongos 138, 264,
265
Canadá 97
Canal Fox 114
câncer 64, 80, 140, 141,
142, 191, 210
capitão Janeway 26
capitão Kirk 26
capitão Picard 26
capitão von Beck 257

caracóis 161

cara ou coroa 131, 132, 134

carnes 140, 172

carnívoros 145, 152, 153, 155, 160

Carolina do Sul 100, 195

carrapatos 39, 162

carros 58, 60, 61, 63, 79, 145, 146, 147, 148, 258, 269

carros autônomos 147, 148

carros elétricos 60

Carson, Rachel 77, 80

Carta Magna 230

cartões de vaidade 169

Casa Branca 33, 95, 98, 109, 117, 119

casamento entre pessoas do mesmo sexo 111

cassinos 125, 127, 128, 129, 131

Catálogo da Terra Inteira 78, 80

catástrofes climáticas 40

categorias 174-75, 177-78, 184, 185, 187, 188, 189, 192, 266

causa e efeito 124

Cecconi, Fausto 55

cegueira 257

cérebro 22, 30, 46, 49, 61, 68-69, 120, 126, 127, 141, 160, 177, 185, 259-

60, 262, 264-65, 268-69, 278

cérebro humano 120, 141, 259, 265, 268

Ceres 121

Chapeuzinho Vermelho 154

chimpanzés 25, 208, 209, 210, 211, 263, 266, 267

China 54, 96

Churchill, Winston 57, 199

cianobactérias 165

ciclos 204

ciência forense 236

cigarro 141, 142

cinema 55, 56, 58, 117, 235

cinturão de Kuiper 47

circuitos eletrônicos 176

Círculo Polar Ártico 53

classificação espectral 188, 192

Clinton, Bill 33, 60

cloreto de sódio (NaCl) 35

cloro 35

Clube Republicano de Nova York 196

clubes de debate 230

CNBC 133

cobra 160, 163

cocaína 233

código de Hamurabi 225

códigos morais 245

cogumelos 172, 173

coincidências 124

ÍNDICE | 353

Collier's 53
Collins, Michael 73
cólon 140, 250
colonizadoras 48
combustão interna 52, 156
combustíveis fósseis 103
comercial de TV de utilidade
  pública com indígena
  chorando 79
cometas 33, 36, 37, 88, 94,
  223
cometa Tempel-Tuttle 88
ComicCon 117, 119
comportamento humano
  81, 243
comprimentos de onda
  específicos da luz 178
computação quântica 176,
  177
computadores 57, 59, 60,
  64, 117, 187, 188, 250,
  268, 269, 270
comunicação 28, 60, 141,
  164, 239, 240, 241
condutas morais 242
Congresso 21, 76-77, 166
Conjunto de Telescópios
  Espectroscópicos
  Nucleares (NuSTAR) 32
consciência 7, 81, 114, 164,
  169, 221, 271, 272, 278,
  282
Conselho da Indústria de
  Carne Bovina 152

Conselho Nacional de
  Segurança nos Transportes
  148
conservadores 99, 100, 102,
  105, 106, 107, 108, 113,
  254, 255
constelações 86, 89
Constituição 229, 239, 243,
  244, 246
contínuo 177, 178, 180,
  185, 188, 190, 191, 231
conversor catalítico 79
Coon, Carleton S. 207
Copa do Mundo 97
coração 249
cor da pele 69, 189, 192,
  193, 206, 208, 214
cor de cabelo 174
Coreia do Norte 71
Coreia do Sul 71, 97, 216
cores 56, 69, 71, 177-78,
  185, 188-92, 204
corpo humano 29, 58, 248,
  249, 251, 254
corredores 215
corujas 160, 163
corvos 265
Cosmos, série 111, 113, 115
cosplays 117
covid-19 62, 106, 107, 149
Cox, Brian 238
cremado 277
crescimento exponencial
  50, 54, 283

crianças 148, 165, 210, 211, 212, 217, 240, 263, 266, 282
criatividade 244
cristãos 105, 193, 194, 226, 227, 254, 255
Cristóvão Colombo 48
cromossomo Y 238
Crow, Jim 110
cubo mágico de Rubik 268
curva de sino 121, 122

D

dados 17, 19, 93, 100, 101, 107, 110, 116, 121, 125, 127, 135, 138, 142, 143, 144, 147, 150, 159, 176, 181, 187, 188, 192, 195, 200, 203, 206, 207, 211-12, 224, 230, 232, 234, 237, 243-44, 287
Daniels, George H. 54
Darwin, Charles 206
Dawkins, Richard 238
DDT 77, 79, 80
decomposição espectral 252
defeitos congênitos 39
deficiências 251, 256-262
Deimos 72
democracia 19, 91, 105
democratas 100, 107, 109, 110, 111, 116, 117

dengue 281
Departamento de Energia 21
Departamento de Políticas para Ciência e Tecnologia da Casa Branca 109
deriva continental 48
derramamento de óleo 77, 80
descendência do homem, A (Darwin) 206
Deus 26, 30, 31, 32, 41, 72, 74, 75, 87, 94, 105, 159, 162, 170, 180, 202, 212, 225, 226, 255, 256
deuses 15, 30, 31, 94
deuses gregos 31
De volta para o futuro 2 58
dez mandamentos 31
Dia da Independência 115
Dinamarca 97, 239
dinossauros 36, 37, 275
Direitos Civis 111
diretriz política 60
diversidade 27, 35, 44, 165, 185, 212, 214, 220, 221, 286
divórcio 100, 101, 102
DNA 25, 64, 93, 108, 114, 118, 236, 243, 263, 266
doenças cardíacas 141
domínio 109, 159
Doze anos de escravidão 114

ÍNDICE | 355

Doze homens e uma sentença 235
dragão-de-komodo 39
drogas 144, 233
dualidade onda-partícula da matéria 176

E

Eclesiastes, Livro de 65
eclipse 30, 85-87
economia 55, 243, 249
economia movida a cavalo 55
Eduardo VII 205
educação 42, 130, 194, 243
efeito estufa 103, 190
Egito 68, 215, 219
Einstein, Albert 34, 65, 104
Eisenhower, Dwight D. 109
elefantes 264, 265
eleições de 2020 101
elementos químicos 154, 248
eletricidade 53, 71
eletrocardiograma 253
eletroencefalograma 253
eletromagnetismo 65, 204
eletrônica 64, 65, 204
El Paso 144
Emancipação 199
embrião 254-55
Emirados Árabes Unidos 97, 216

energia espiritual 32, 47, 248
energia solar 94, 189
enterro 277
Época Holocênica 275
erro humano 147
escala Saffir-Simpson 184
esclerose lateral amiotrófica (ELA) 259
escravidão 110, 114, 194, 195
Espanha 97, 238
espécie 35, 36, 71, 79, 262-65, 275
especismo 162
espectroscópio 82
espectro solar 177
esquema de investimentos tipo pirâmide 136
Estação Espacial Internacional 70, 72, 97
estados azuis x estados vermelhos 116, 117
estatística 102, 120, 121, 122, 125, 127, 130, 136, 140, 145, 149, 234
estátuas de militares confederados 195
Estern, Neil 199
Estrela do Norte 188
estrelas 12, 34, 66, 86, 88, 89, 90, 172, 187, 188, 192, 251, 253, 268, 272
estrelas-do-mar 64

356 | MENSAGEIRO DAS ESTRELAS

etanol 27, 138
etíopes 212, 213
ET: O extraterrestre 165
eugenia 196
Europa 57, 96, 193, 207, 213, 214
evento do Cretáceo-Terciário 275
evidências 18, 26, 39, 82, 93, 157, 208, 222, 225, 227, 228, 232, 235, 237, 239, 240, 241, 244, 278
evolução 15, 47, 105, 188, 191, 225
exoplanetas 276
expectativa de vida 43, 163, 271, 272
experimentos 18, 20, 24, 93-5, 103, 104, 131-34, 142, 165, 181, 186, 220, 227, 243
experimentos mentais 104
exploração espacial 16, 42, 72, 96
extinção 36, 37, 38, 275
extinção do Permiano-Triássico 275

F

Faculdades e Universidades Historicamente Negras (fundação) 110
Faixa de Gaza 70

Federação Americana 53
Federação de Xadrez dos EUA 216
ferrovias 52, 54
festival de ciências Starmus 238
feto 254-56, 271
filósofos naturais 227
financiamentos imobiliários 46
física 12, 25, 34, 84, 94, 122, 176, 187, 202, 203, 204, 216, 231, 252, 253, 256, 259, 280, 286, 287
física quântica 176, 187, 259
flores 166, 273, 274
Floyd, George 193
Fobos 72
foguetes 56, 59, 67, 72, 92
foguete Saturno V 67, 76
formigas 265
foto do nascer da Terra 73, 77, 90
fotossíntese 112, 165
Fox 113
frangos 156, 162
Franklin, Benjamin 20
Fraser, James Earle 195, 200
Fundação Nacional de Ciências 21
furacões 36-7, 184-5, 274
Futuro da Indústria Aeroespacial dos Estados Unidos 95

G

gado 156, 162
Galáxia de Andrômeda 251
Galilei, Galileu 11
Galton, Francis 205
Gandhi, Mahatma 238
Garner, James 152
gás de hidrogênio 253
gato de Schrödinger 176
Gauss, Carl Friedrich 121
gelo glacial 103
Gênesis, Livro do 74, 159
genética 35, 39, 162, 209,
214, 258
gênio hereditário 205
genoma humano 59
geometria euclidiana 35
geopolítica 70-1, 95, 97,
119, 241
gigante vermelha 47
Gilbert e Sullivan 112
Glee 114
glifosato 137-9
golfinhos 162, 264, 265
Google 61, 170
Grand Canyon 48
Grande Muralha da China
68
Grandin, Temple 258, 259,
260
gravidade 33, 82, 83, 84, 85
gravidez 254, 255, 256

Guarda Nacional de Ohio
78
Guardiões da Galáxia 165
guerra 28, 41, 56, 74, 78,
81, 92, 97, 98, 109, 110,
115, 142, 145, 193, 194,
199, 281, 283
Guerra Civil 74, 110, 142,
193, 194, 199
guerra contra o terror 145
Guerra de Independência
115
Guerra do Vietnã 74, 81
Guerra Fria 56, 78, 97, 98

H

habitantes de cavernas 43
Hammond, James Henry 195
Harlem Globetrotters 258
Hawking, Stephen 259, 260,
266
Hawley, Alan R. 55
hebraico 81
hera venenosa 211
herbicida 137
herbívoros 153
hidrogênio 35, 253
hipóteses 18, 207, 227
H.M.S. Pinafore 112
Holanda 97, 214
Holofcener, Lawrence 199
hospitais 58, 252, 253

358 | MENSAGEIRO DAS ESTRELAS

Huxley, Thomas Henry 227
Huygens, Christiaan 170

I

identidade de gênero 186
identificações errôneas 237
imagens cósmicas 30, 32
imigração 26, 94, 197, 239
impactos cósmicos 36-8,
275
implexo 219
Índia 42, 153
Indonésia 214
Infowars 108
infravermelho 252
In Living Color 114
Innocence Project 235
insetos 158
Instituto Africano para
Ciências Matemáticas
215
Instituto Nacional de
Padrões e Tecnologia 21
Instituto Smithsonian 110
Institutos Nacionais de
Saúde 21
inteligência 62, 64, 155,
201, 216, 262, 263, 265,
266, 267, 268
inteligência artificial 62, 64
inteligência extraterrestre
262

internet 59, 61, 65, 164,
169, 228, 287
inversões térmicas 80
Iraque 145
Irlanda do Norte 193
irmãos Wright 55
irracionalidade 228
Islã 120
isolamento paleolítico 15
Israel 70, 71
Itália 97, 218

J

Jackson, Ketanji Brown 111
Japão 54, 97, 216
Jefferson, Thomas 206
Jeopardy! 60
Jesus 26, 31, 152, 190, 199,
238
Joana d'Arc 180
Joanesburgo 71
jogatina 125, 126
Jones III, John E. 105, 111
Johnson 109
Jones, Alex 108
julgamento por água 225,
226
Júlio César 48, 89
Júlio César (Shakespeare) 89
Júpiter 38
juramento "hipócrita" 186

K

Keats, John 23
Keller, Helen 257, 260
Kennedy, Bobby 74
Kennedy, John 77
Kilmer, Joyce 40, 292
King Jr., Martin Luther 74, 220, 238
Kitzmiller vs. Dover Area School District 105
Kosygin, Alexei 98
krill 152

L

Larson, Gary 171
laser 56, 57
Las Vegas 126, 127, 130, 131, 136
Lee, Robert E. 194
Lei da Água Limpa 79
Lei das Antiguidades 77
Lei de Espécies Ameaçadas 79
Lei de Registro Populacional 192
Lei do Ar Limpo 78
lei espacial 223
leis do movimento e da gravitação de Newton 25
leite 153, 157, 167, 168
leões 160, 281

liberdade 105, 107, 113, 116, 186, 196, 244, 245
linchamentos 110, 228, 229
Lincoln, Abraham 21, 88, 110, 199
linguagem quântica 177
linha do tempo 48, 220, 275
lobo 154
Lorre, Chuck 168, 170
loterias 129
Lovell, James 74
Lua 7, 12, 30, 33, 44, 49, 59, 66, 67-90, 92, 94, 95, 96, 122, 223
luz da Lua 82
luz solar 167, 190, 210
luz ultravioleta 190

M

Maddalena, Umberto 55
Madoff, Bernie 135
Magalhães, Fernão de 226
Mágico de Oz, O 164
Magno, Carlos 219
malária 39, 281
mamíferos 37, 47, 138, 152, 153, 160, 162, 163, 166, 264, 267
Mann, Horace 283
Mão de Deus 32
Maomé 26

mãos 32, 199, 233, 249, 256, 260, 277

máquina do tempo 220

marés 38, 84, 85

mariscos 160

Marte 44, 72, 175

Massachusetts 87, 100, 101, 102, 115, 239

massacre de Mỹ Lai 74

Massimino, Mike 69

matemática 16, 35, 50, 121, 122, 126, 128, 160, 202, 203, 216, 217, 286, 287

mecânica quântica 65

medicamentos 64, 248, 249

Médicos Sem Fronteiras 79

medidas 47, 174

mel 153, 167, 168

melanina 191, 211

mercado de ações 133, 136

mercúrio 154

Mercúrio 47, 269

meteoros 88

método científico 18

métodos 13, 16, 24, 25, 29, 83, 224, 232, 276

micélio 164

micróbios 164, 250, 251, 277

mídia social 60, 217

milho 137

militares 48, 53, 57, 69, 109, 195

Milsal, Taylor 238

mísseis 56, 281

míssil balístico V2 92

missões Apollo 81, 109

Mitchell, Joni 150

Moby 157, 158

moda 29, 183

Moisés 31

moluscos 160, 161

Monsanto 137

montanhas 32, 214

monte Everest 48, 275

Monument Avenue 194

Moore, Benjamin 192

mortalidade infantil 43

morte 20, 95, 97, 107, 138, 139, 141, 142, 145, 159, 163, 167, 175, 223, 226, 236, 245, 247, 255, 259, 271, 272, 273, 276, 278, 282, 283, 284

mosquitos 162, 281

motor de combustão interna 52

mudança climática 36, 62, 103, 104, 106, 108

mulheres 57, 246

Muro de Berlim 57, 81

Museu Americano de História Natural 195, 197, 285

Musk, Elon 215

N

nanismo 258

não violência 238

nascimentos 100, 194, 255, 271, 272, 279
natureza 12, 17, 25, 30, 32, 34, 39, 81, 92, 94, 139, 155, 161, 163, 166, 168, 170, 174, 176, 180, 185, 227, 229, 249, 252
navio a vapor 52, 54
neandertais 209
nebulosas 32, 33
Netuno 47, 89
neurociência 63, 243, 245
Newkirk, Ingrid 161
New York Times, The 80, 148
New York Yankees 260
nicotina 138
nigerianos 217
nitrogênio 25
Nível Sem Efeitos Adversos Observáveis (NSEAO) 138
Nixon, Richard 98
Nova Zelândia 53
números primos 128
nuvens 31, 37, 73, 82, 87, 159, 189, 253

O

Obama, Barack 109, 111, 189, 209
"Ode a uma urna grega" (Keats) 23

Ofensiva do Tet 74
OGM 137
O'Hair, Madalyn Murray 76
ohms 204
olfato 251, 252
Olimpíadas 97, 201, 263
Omni 171
ondas de rádio 55, 172, 252
ônibus espacial 59, 69, 72
onívoros 153
Onze de setembro 144-45, 148
Organização Mundial de Saúde (OMS) 106
Organização Suíço-Europeia para Pesquisa Nuclear 59
Oriente Médio 31, 70
origem das raças 207
Órion 89
osteoporose 211
oxigênio 35, 163, 278
oxímetro 253

P

padrões de emissão para gasolina sem chumbo 79
padrões morais 186
paladar 251
Palestina 71
Pan American Airways 56

papagaios 265

Papai Noel 53, 183, 190, 225

paralimpíadas 250

parasitas 39, 40, 162, 210, 281

Parker, Theodore 221

pássaros 265

patentes 49, 51

paz 33, 49, 57, 94, 98, 246

PBS (Public Broadcasting Service) 113

Pedro e o lobo 154

pega-rabilonga 265

peixes 154, 158, 159, 160

pena de morte 245, 255

pensamento linear 45, 46, 54

perspectiva cósmica 16, 22, 38, 43, 45, 47, 73, 76, 90, 99

perspectiva racional 17

pés 44, 112, 118, 164, 249, 250, 256, 258

pessoas negras 71, 194, 196, 198, 206, 207, 208, 210, 211, 213

peste bubônica 39

pesticidas 77, 80

PETA (Pessoas pelo Tratamento Ético dos Animais) 161, 170

Physician's Desk Reference (PDR) 248

pi 34, 35, 94

Pigafetta, Antonio 226

pigmeus mbuti 214

pirâmides 31, 215, 219

plâncton 154

planetas 12, 33, 86, 89, 272, 276

plantas 43, 44, 114, 153, 155, 164, 165, 166, 167, 168, 170, 173, 277

Plutão 72

pobreza 42, 43, 53, 237

Poincaré, Henri 203

polarização da luz 252

polinésios 44

política 7, 12, 15, 28, 60, 69, 71, 91, 94, 97, 99, 100, 103, 111, 113, 116, 117, 136, 193, 202, 238, 239, 242, 243, 245

poluentes tóxicos 154

poluição do ar 80

ponto de ebulição 175

ponto triplo da água 175

Pope, John Russell 200

população mundial 154, 204

Porco, Carolyn 238

pôr do sol 29, 30, 81, 284

povos originários das Américas 188

Powell, Colin 111

Powerball 128, 129

Prêmio Nobel 231, 253

President Roosevelt (transatlântico) 257
pressão barométrica 252
pressão do ar 175
previsões 52, 58, 62
Primavera silenciosa (Carson) 77
Primeira Guerra Mundial 41
probabilidade 120, 121, 125, 126, 127, 129, 130, 142, 181, 210, 235, 270
procriação seletiva 157
professores 216, 253, 262
programa Apollo 33, 67
programação televisiva infantil 166
programas de rádio e podcasts da direita radical 108
projeto inteligente 105
Projeto-Teste Apollo-Soyuz 98
prosopagnosia 259
psicologia 202, 243, 245
psoríase 210
pumas 146
Punch 53
Purcell, Edward 253

Q

qubits 176, 177
Quem quer ser um milionário? 114

R

R2D2 118
raça 12, 187-222
radiologia 253
radiotelescópios 253
Rainha Isabel 48
raios X 252, 253
Rationalia 239, 240, 242, 243, 244, 245, 246
Reagan, Ronald 101
reconstrução 110
recursos 70, 94
reencarnação 276
refletividade 189, 190
Rei Fernando 48
Rei João 230
Reino Unido 153, 217
relações predador-presa 155
religião 12, 15, 53, 76, 91, 97, 105, 153, 202, 237, 245
remédios 40, 61
renas 53, 183
Renascimento 18
República Democrática do Congo 214
republicanos 100, 101, 107, 108, 109, 110, 111, 115, 117, 196, 255
resistores 204
ressonância magnética nuclear 252

ressonância magnética
(RM) 252
retina 68
revolução quântica 25
Rice, Condoleezza 111
Richmond 194
riscos 12, 43, 117, 120, 139,
140, 141, 142, 143, 150,
210, 229, 245, 279
risco basal 140, 141
robôs 30, 164, 250
Roe v. Wade 255
Roosevelt, Franklin Delano
199
Roosevelt, Teddy 77, 199,
200
Roosevelt, Theodore 195
Rose, Reginald 235
roubo 233
Royal Society of London 20
Ruanda 214
Rússia 56, 96-7

S

sabedoria dos anciãos 61
sacarose 138
Sacks, Oliver 259, 260
sacrifícios humanos 31
Saffir, Herbert 184
Sagan, Carl 89, 112
sal 35, 138-39
sanguessugas 39, 162

sarampo 106
Schoemaker, Caroline e
Eugene 37
Schoemaker-Levy 9 37
Searchlight Pictures 114
Sebold, Alice 237
Segunda Guerra Mundial
28, 92, 109, 115, 193
segunda Lei Morrill de 1890
110
sementes 166
Senhor dos Anéis, O
(Tolkien) 164
sentidos 25, 251
Sermão da Montanha 31
Serviço de Parques
Nacionais 77
Serviço Florestal 197
sexismo 162
sexto selo 87
Shakespeare, William 89
Sidereus Nuncius 11, 12
Simpson, Robert 184
Simpsons, Os 114
Sistema de Posicionamento
Global (GPS) 60
sistema de rodovias
interestaduais 68
sistema radicular fúngico
164
sistema solar 33, 47, 49, 72,
86, 89, 94
sistema Terra-Lua 84

ÍNDICE | 365

site paleofuture.com 52
Slate 240
smartphone 59, 60, 61
Sociedade Americana de
  Filosofia 20
Sociedade Americana de
  Física 126
sociologia 202, 243
sódio 35
Sol 12, 24, 29, 30, 47, 65,
  66, 74, 81, 82, 84, 85, 86,
  87, 88, 94, 121, 159, 185,
  188, 191, 280
somalis 213
sonda espacial 38, 89
sorte 237
Soyuz 98
SpaceX 67
Sputnik 56
Star City 96
Stargate 215
Starley, John Kemp 52
Star Trek 26, 63, 118
Star Wars 118
Stutzman, Matt 258, 260
Suécia 97, 218
suicídio 144, 211
superioridade 201, 202,
  210, 212
superstições 81
suplementos alimentares
  108, 249
Suprema Corte 111, 255,
  304

surdez 257
Swanson, Jahmani 258
Swift, Jonathan 149

T

tabelas de DL50 138
tarântula 32
tarifas 243
Tarter, Jill 238
tato 251
taxas de encarceramento
  237
tela de "retina" 68
Telescópio Espacial Hubble
  30, 67, 69
telescópios 11, 18, 38, 203,
  263, 267
temperatura corporal 276
tempestades 36
tempo de gestação 83
teoria da relatividade 34, 65
terminologia quântica 191
termodinâmica 65
Terra 11, 12, 16, 17, 21, 22,
  24, 32, 35, 36, 43, 47,
  67-90, 103, 112, 177, 189,
  213, 214, 218, 269, 274,
  275, 277, 280
Terra do Fogo 53
testemunha ocular 234
Texas 100, 103, 144, 158,
  286

The Big Bang Theory 168-69
The Federalist 240
Thomas, Clarence 111
tigres 281
tiroteios em massa 78, 144
Titanic 173
tomografia por emissão de pósitrons 253
tomografias computadorizadas 253
Touro 89
transistores 57
transportes 52, 109
tratamentos fitoterápicos 249
Três porquinhos, Os 154
T. *Rex* 37, 48
tribunais de justiça 236
tribunais de responsabilidade civil 278
trigonometria 120
Troubles 193
Trump, Donald 101
Trump, Melania 101
T. S. Eliot 44, 293
tsunamis 36, 274
Turok, Neil 215
Twitch 217
Twitter 107, 157

U

ultrassom 253, 254
ultravioleta 252

Uma família da pesada 114
União Soviética (URSS) 56, 96-7
Universidade de Princeton 50, 231
Universidade de Richmond 194
Universidade Harvard 188, 197
Ursa Maior 89
ursos 153, 154, 281
US News & World Report 240

V

vacina 106
valores familiares 100, 101, 102
van Gogh, Vincent 30
varíola 39
veganos 167, 169
vegetarianos 151-173
vendas online 59
Vênus 30, 47, 72, 290
verdade 23
veredicto 224, 225, 228, 234, 235, 241, 242
verme-da-guiné 162
Viagens de Gulliver, As (Swift) 149
Via Láctea 12, 251, 253, 268
vida inteligente 131, 222, 268, 270

vídeos 59
viés 115, 202, 226
Vinci, Leonardo da 18, 249
vinho 27
vírus 39, 62, 250
visão 251
vitaminas 168
Homem vitruviano, O 249
Voyager 1 89
vulcões 36, 37, 274

W

Washington, D.C. 67, 199
Whitewood vs. Wolf 111
Wilson, Woodrow 77
Wood Wide Web 164
Wright, Orville 55

X

xadrez 60, 201, 216, 217
xarope de bordo 163
Xena, a princesa guerreira 118

Y

Yellowstone 77
YouTube 61, 265

Z

Zâmbia 216
zebras 160
zika 281
Zonas Azuis 62

A Mão de Deus: ©NASA Orbiting Nuclear Spectroscopic Telescope Array (NuSTAR).

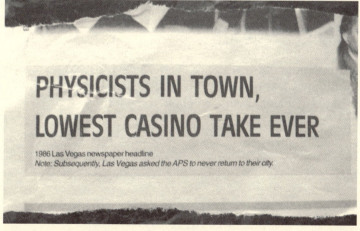

Físicos na cidade: foto do autor da manchete da APS News, https://www.aps.org/publications/apsnews/199908/knowledge.cfm.

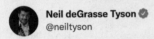

Neil deGrasse Tyson ✓
@neiltyson

Borders Books at Vegas airport does not have a science section. Wouldn't want to promote critical thinking before you gamble.

3:46 PM · Feb 9, 2010 · Twitter Web Client

Neil deGrasse Tyson ✓
@neiltyson

Earth needs a virtual country: #Rationalia, with a one-line Constitution: All policy shall be based on the weight of evidence

10:12 AM · Jun 29, 2016 · TweetDeck

Neil deGrasse Tyson ✓
@neiltyson

Some educators who are quick to say, "These students just don't want to learn" should instead say to themselves, "Maybe I suck at my job."

6:27 PM · Mar 16, 2022 · Twitter Web App

Tweets: Tweets originais de ©Neil deGrasse Tyson,
via Twitter.com/X.com.

Estátua equestre de Theodore Roosevelt no Museu Americano de História Natural: ©AMNH/Denis Finnin.

Este livro foi composto na tipografia ITC Mendoza Std,
em corpo 11/16, e impresso em papel off-white
no Sistema Cameron da Divisão Gráfica
da Distribuidora Record.